JN024150

第3版

教養の コンピュータサイエンス 情報科学入門

小舘 香椎子　　岡部 洋一　　稲葉 利江子　　小川 賀代

上川井 良太郎　横田 裕介　　小舘 亮之　　鈴木 貴久

長谷川 治久　　辰己 丈夫　　曽根原 登　　［共著］

丸善出版

序　文

　近年のグローバル化は，社会に多様性をもたらし，急速な情報化の進展も
あいまって，世界中の人々の生活に大きな変化をもたらしています．インタ
ーネットが普及したのはいまから 20 年ほど前のことですが，その後は，コ
ンピュータやスマートフォンでインターネットを活用して，無料の国際ビデ
オ通話やチャットを行ったり，ソーシャルメディアによって，見知らぬ人同
士がつながったりすることもできるようになりました．さらに，現在では，
わが国でも，「未来投資戦略」として「ソサエティー 5.0」の実現がうたわれ，
人工知能（AI）や IoT，ビッグデータなど新たな技術革新にもとづく社会づ
くりが目指されています．これによって，産業や交通，街づくりだけではなく，
医療や福祉の分野でもロボットや ICT の導入が始まり，社会の仕組みや人間
関係のあり方自体が変わることも予想されています．
　本書の初版が出版されたのは 1995 年 7 月ですから，今回初めて本書を手
に取る大学生の皆さんは，まだ生まれていなかったことになります．当時は，
コンピュータ技術・デジタル通信技術・光ファイバ通信，さらには半導体技術，
ソフトウェア技術など科学技術のめざましい発展と普及に支えられ，物を製
造するノウハウの時代から形のない情報が価値をもつ知的活動と創造性の高
度情報化社会に向かいつつありました．また，長い間大学の教養課程では自
然科学分野の基礎として，数学・物理学・化学・生物学などが教えられてい
ましたが，情報化といわれ始めた社会では，すでに理系・文系を問わず，ど
んな仕事に従事するかにかかわらず，情報に関する知識をもつことが大切と
されるようになってきていました．このような状況を受けて，初版は，1980
年から日本女子大学で開講されていた「情報科学」の講義内容を中心にアッ
プデートし，まとめたものとして出版されました．日本国内でコンピュータ
が稼働し始めて以来，私は，数値計算やシミュレーションの道具として使い，

研究・開発の対象として付き合ってきましたが，ネットワークを介して迅速に，かつ低コストで利用可能な情報技術は，将来の女性の社会的な活動の場を広げる可能性もあると考えていました．しかし，当時は，演習用には市販されて間もない8ビットのパーソナルコンピュータを用いて教育し，大学の計算センターでは，東芝のTOSBACがメインフレームとしてカード入力で作動させていました．その後のコンピュータのハードウェアとソフトウェアのめざましい発展と，それに伴う大きな社会変革はもちろん予想もしていませんでした．

　初版では，「情報とは何か」，「情報科学とは」といったテーマから，コンピュータの基礎的原理を知り，目的に合わせて効果的に使いこなすための各種の先端技術のわかりやすい解説などを織り込み，情報科学を初めて学ぶ人に向けた体系だった教科書として多くの大学で使用され，版を重ねました．

　その後，2001年に6年間の社会変動もあり，それに合わせて情報科学を学ぶ人々の専門分野の幅も広がったことを受けて，改訂版第2版を出版しました．初版で重点を置いて記述した点に加えて，情報を生かして使うコンピュータのユーザからの視点を盛り込みました．また，当時から大学生が資格取得を目指していた情報処理技術者試験の基礎分野の教科書としても十二分に対応できるものでもありました．

　21世紀を迎えてはや20年が経過し，大学やこれからの社会においては，膨大な情報の中から，重要なものは何か，エビデンスとなるものは何かといったことを含めて，主体的に情報を処理，判断し，社会問題の解決を目指すことが求められています．そのうえで，他者や多様な視点をもつグループやコミュニティとも協働しながら新たな価値を創出していく必要も生まれてきました．安心・安全な生活や社会づくりに必要な資質や能力の中には，情報の中身だけではなく，効果的な情報伝達（コミュニケーション）手段を主体的に選択し活用していく情報活用能力が含まれています．そして，社会で職業に従事するためにも，これらは必要な知識・技能と考えられています．さらには，グローバルな視点をもって，国際的に活躍できる人材の教育や育成にとって，情報という分野が占める位置づけはより一層大きなものとなっているといえます．

　本書は，これらのことを念頭に置きながら，情報科学各分野の基礎的な事項を網羅的に記述し，コンピュータに関する理解を深められるように構成されています．さらに，冒頭で述べためざましい勢いで展開されているコンピュータと通信が創造する社会のICT化によって，情報社会から，すでに情報と現実が境目なく溶け合う，サイバー・フィジカル融合社会が形成されていることを，具体事例をあげながら示しています．本書を通じて，情報科学が社会の基盤技術と密接にかかわり，今後の融合社会の課題解決の重要な役割を担っていることを理解していただけるよう，期待しています．

　以下，本書の構成を示します．まず，第1章では，情報科学，コンピュータと通信の発展の歴史を振り返り，基本となる重要な概念について述べられています．また，社会の中のコンピュータのセクションでは，近年よく聞かれるようになった人工知能（AI）とは何かについてのいくつかのトピックについて論じています．

　第2章は，コンピュータの中では，すべての情報がデジタルとして表現されていますので，アナログとデジタル，数値や文字の表現，さらに音声・画像の表現法について解説します．これらの知識は，プログラミングで必要となってきます．また，コンピュータによる画像処理について平均顔作成の具体事例をあげて述べています．さらに，情報伝達の基礎となる情報量の定量化や情報通信における誤りの検出・訂正など基本的な考え方についても紹介しています．

　第3章では，コンピュータシステムの基礎として，コンピュータを構成するさまざまな要素について取り上げます．まずハードウェアを構成する論理回路とこの回路を動作する論理代数について述べますが，論理代数は0と1のみを取り扱う代数で論理演算は大切です．さらに，コンピュータの種類とハードウェアの各種要素を紹介するとともに，ハードウェアとソフトウェアの両方からコンピュータの動作の仕組みを具体的に説明しています．

　第4章では，コンピュータを用いて問題を解決する方法のアルゴリズムと，このアルゴリズムをコンピュータで実施するために必要なプログラミングの基礎について学びます．特に，近年のビッグデータの時代の到来とともに，従来からのデータ処理・蓄積に加えて，意思決定ツールとしての活用も加わ

った現在，コンピュータの仕組みと採用されているアルゴリズムを理解することが重要になっています．

　第5章のネットワークシステムでは，第1章で紹介したコンピュータと情報通信技術の発展に伴い，さまざまな形態をとって発展してきた，インターネットをはじめ，私たちの生活を支えているコンピュータ通信を中心にアーキテクチャと仕組みについて述べます．LAN，IPアドレス，プロトコルなど，なじみ深いネットワーク用語が紹介されています．

　第6章，情報セキュリティでは，情報セキュリティの言葉の定義の理解を深めることからはじめ，情報社会における倫理的判断と情報セキュリティの関係について記述しています．さらに，暗号の基本的な原理と現在利用されている暗号と技術的な仕組みについて紹介しています．

　第7章では，人と社会と情報の変遷，現代の高度ICTがもたらした科学のパラダイムシフトについて概観し，情報社会から融合社会への転換について紹介します．データサイエンスの台頭と，それの伴って生じるデータ駆動社会について，地域経済活性化などの実例を交えながら説明がなされています．

　本書の企画，出版にあたっては，丸善出版株式会社の池田和博氏，三崎一朗氏に大変お世話になりました．池田和博氏には初版から何回かの重版に渡る期間，有益な助言をいただき，気長にお付き合いしていただいたおかげで，なんとかこうして改訂版の出版にもたどり着くことができました．また，三崎一朗氏には，企画後さらに遅れがちな執筆・校正などに粘り強い対応で，丁寧にお付き合いをいただきました．ここに厚く御礼申し上げます．

　また，初版，第2版で監修を務めていただいた岡部洋一氏は，今回も「社会の中のコンピュータ」の部分の執筆を快く引き受けてくださいました．心から感謝申し上げます．

　最後に，本文中のイラストを描いていただいた渡辺洋子氏，第2章の平均顔作成工程の画像を提供下さった中山朋子氏に御礼申し上げます．

　2020年2月

著者を代表して

小舘香椎子

執 筆 者 一 覧

小 舘 香椎子
(1章1節. 1章2節)
日本女子大学名誉教授，電気通信大学特任教授

岡 部 洋 一
(1章3節)
東京大学名誉教授，放送大学名誉教授，兼顧問

稲 葉 利江子
(2章1節～2章6節)
津田塾大学学芸学部情報科学科准教授

小 川 賀 代
(2章7節～2章9節)
日本女子大学理学部数物科学科教授

上 川 井 良太郎
(3章)
日本女子大学名誉教授

横 田 裕 介
(3章)
日本女子大学理学部数物科学科准教授

小 舘 亮 之
(4章1節～4章4節)
津田塾大学総合政策学部総合政策学科教授

鈴 木 貴 久
(4章5節. 4章6節)
津田塾大学総合政策学部総合政策学科特任教授

長谷川 治 久
(5章)
日本女子大学理学部数物科学科教授，副学長

辰 己 丈 夫
(6章)
放送大学情報コース教授

曽 根 原 登
(7章)
国立情報学研究所名誉教授，津田塾大学総合政策学部
総合政策学科教授／総合政策研究所所長

［氏名下の括弧内は執筆箇所，所属は 2020 年 1 月現在］

目　　次

1

情報科学とコンピュータ

1.1 情報科学と情報

　人間の長い歴史を振り返ると，大きな技術革新がいくたびか集中的に発生し，そのたびに大規模な社会的変革がもたらされています．図 1.1 に示すように 18 世紀に起こった産業革命が重化学工業や自動車・航空技術により大量消費社会を出現させ，19 世紀と 20 世紀のめざましい技術革新により，人類の生活様式を根本的に変えてしまったように，20 世紀の情報通信革命は，いままでの工業化社会に情報という新しい概念を加え，脱工業化社会，すなわち形のない情報が価値をもち，ネットワークを通じたグローバル経済共同体である情報を中心とする**高度情報社会**を形成しました．情報社会は，頭脳にあたる大きな情報処理能力をもつコンピュータの発展により，計算速度が飛躍的に向上し，神経網にあたる通信技術の急速な発展によるインターネットとそれらを運用するソフトウェア技術の拡大によって，コミュニケーションの形態を一変させました．特に，スマートフォンの普及により，人々が常時ネットに接続することで，人々の行動の履歴もネットに蓄積されるようになりました．これにより，コンピュータが組み込まれた各種の情報機器や応用ソフトウェアの使用に止まらず，新たにスマートフォンアプリケーション（スマホアプリ）として提供される，メール，チケット予約，路線案内，地図検索をはじめ，さまざまなサービスが提供されるようになりました．私たちのライフスタイルは物質を中心とした生産・流通社会から，精神的なゆとりやアメニティ（快適さ，暮らしやすさ）の追求なども含め，思考・意識の変化も生み出している，情報中心の社会へ向かっています．

　このような社会状況の中にいる私たちがこれからの情報科学の将来を展望するために，本章では，情報科学，コンピュータと通信の発展の歴史を振り返り，社

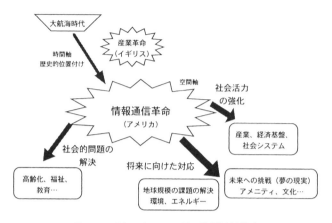

図 1.1　歴史の流れから見た情報通信革命

会がそれによりどのように変化してきたかを見てみましょう.

1.1.1　情報科学とは

　19 世紀までの自然科学では,観察された現象を説明する基礎概念は,**物質とエネルギー**でしたが,情報理論(1984 年)の成立とともに**情報**が加えられ,自然科学の 3 本柱となりました.これとともに,いままでの自然科学が客観的に観測可能な外界の対象や,理論的問題を対象とするのに対し,自然科学全般を本質的に抽象的であるという情報の概念から見返す**情報科学**が成立してきました.情報科学は,人間の頭脳の中での抽象的な概念と思考を対象とするところに大きな特徴があります.

　情報科学の起源は,1948 年の**ウィーナー**(N. Wiener:1894 〜 1964,アメリカ)の著書**サイバネティクス**(Cybernetics)にあるといわれ,この中で,生物と機械における通信と制御を統一的に認識し,研究する理論が展開されています.サイバネティクスは舵手の意味のギリシャ語に由来をしており,関連する学問分野は広く,今日の広範囲に広がった情報科学の原型ともいわれています.

　しかし,情報量を具体的な計量の対象として示したのは,通信をもととした**シャノン**(C. E. Shannon:1916 〜 2001,アメリカ)の,同じ年の論文 "Mathematical Theory of Communication" の中で行われました.この 2 つの歴史的論文は,今日の情報科学の基礎になっています.サイバネティクスという言葉の流行は終わりましたが,これらの論文は現在にも大きな影響を及ぼしています.

　シャノンは，情報の内容や意味には触れず，その事象の確率や統計的構造にのみ着目しています．1.1.2 項で詳しく説明しますが，定量化された情報の概念はきわめて抽象的で，このため情報科学の対象のかなり多くのものが抽象化された概念・モデルです．ほかの自然科学が外界の客観的に観測可能な対象や理論的構造を対象として理解し，定量化する立場とは異なり，情報科学は人間の脳の働きを理解し，その機能を機械によって実現すること（人工知能），さらに能力の拡大を目指すといえます．このような情報の扱いは，データとして記号を処理できるコンピュータの出現により，初めて可能となりました．今日，コンピュータが情報科学を支える有力で代表的な情報処理機械となっている理由です．そして，能率性を対象としている点から，抽象的色彩の強い数学とも異なっています．また，情報を資源に代える技術の基盤は IC に代表されるマイクロエレクトロニクスです．その意味からも現代の先端科学・技術ともかかわりあっています．さらに，知的所有権やセキュリティなどのコンピュータ犯罪などで法律とかかわり，コンピュータ技術者の安全性から，医学とのかかわりなど総合科学的な色彩が強い学問ともいえるでしょう．現在では，情報科学は，社会に対し大きなインパクトを与え，情報産業と呼ばれる巨大産業を創り出して，通信網と一体化されたマルチメディア時代の到来，さらに IT（Information Technology，情報技術）革命への進展をもたらしています．現在社会の各分野でこの IT を取り入れて，ビジネスシーンは大きな変化を遂げてきました．IT が広く浸透し，あたりまえの世界になったからこそ，今度は新しい技術を探したり生み出したりするだけではなく，いまある技術にいかに新しい方法で使っていくかに注目が集まっています．

　いままでは IT 技術とそこまで縁深くなかった分野や業界でも，よりよいサービスを提供し，他社との差別化を図るためには，ICT（Information Cominucation Technology）・IoT（Internet of Things）をいかに活用するかが重要な鍵になっています．仕事の IT 化そのものが競争力になる時代は終わり，情報技術の活用が求められているのです．

　そして，この ICT・IoT による成長を実現するためになくてはならないのが，インターネットにつながる多数の「モノ」から膨大な量の情報データを収集し，その収集した情報データを正しく解析する力です．いくらたくさんの情報データを集めても，その意味や内容を分析し，課題点や伸ばすべきポイントを定めることができなければ意味がありません．情報は，技術を用いて適切に活用していかなければならないのです．

　計算の速さ，大量情報の正確な記憶，遠隔地との通信などでは，今日のコンピュータシステムはすでに人間の能力を大幅に上回っています．しかし，上述のような要求に応えるための，言語を使用すること，認識すること，理解すること，推論すること，学習することなど，広範囲で多様な能力をコンピュータで実現するには，まだ多くの問題が残されています．一方，コンピュータは情報を具体化し，人間や機械にわかりやすい形で伝え表現するための媒体，すなわちメディアであるという視点も生まれています．このようにコンピュータを中心とする情報科学は，ますます人間とのかかわりが深くなり，その情報機能を人間のために実現する研究は，例えば感性情報処理など，いままた新たな出発のときを迎えているといえましょう．

　情報科学という広範囲な学問分野を包含する学際的体系が作られる基礎となったのは，1940年のデジタル計算機であり，**フォン・ノイマン**（J. von. Neumann：1903 ～ 1957，アメリカ）のプログラム内蔵方式です．"情報科学"という言葉そのものは1960年代に作られたようですが，詳細はわかりません．自然科学分野の情報科学の内容に近いものとしては，アメリカでは"computer science"，"computer and information science"が，またヨーロッパ各国では，"informatique"，"informatik"という言葉が広く使われています．また，日本だけで用いられている用語として情報工学があり，コンピュータのハードウェアやソフトウェアの情報処理などの分野に大きな比重を置き，その装置・システムなどを作る技術に重点が置かれていますが，情報科学と同義語として使われています．情報の発展，収集，蓄積，検索，理解，活用などにかかわる情報の本質・性質を明らかにし，性質の異なった大量の情報をどう扱うかに重点を置いている，情報学（information science）という分野もあります．

　自然科学における情報科学の内容は，つぎのように考えられています．

　① 情 報 理 論

　情報の定量的な取り扱いをするための基礎になっている考え方，数学的方法，回路理論などです．ブール代数，離散数学，確率，統計，情報理論，論理回路，符号理論，言語理論，計画数学などが含まれます．

　② 情 報 処 理

　情報処理とは目的に沿ってデータを収集し，形式を整えて，それらを記録，加工し，分析して新たな情報を作り出し，伝達し，制御することをいいます．したがって，情報処理システム，情報伝達システム，ネットワークなど，人間がその目的

のために作り出した機械の構成やその基本的な考えも含まれます.

③ 情 報 現 象

　自然のあるいは社会の情報現象に目を向け，その本質を理解することも対象とします. あっという間に世界を小さくしたインターネットに代表されるコンピュータネットワークは, 私たちの社会を大きく変え, 新しい情報システムになりました. 人間はどのように情報を頭脳に伝え, どのように対応しているのでしょうか. 模倣されたものとして人工知能があり, ロボットがあります. 自然言語の翻訳, 画像・音声認識, 学習というような広い分野もこれに含まれます.

1.1.2 情 報 と は

　さて情報とは何でしょうか. "情報"という言葉は, いまでは社会のあらゆる場面で使われるようになっており, その内容も一般的な社会のできごとからめずしいものの広告といった特別なデータまでを示す幅広い言葉になっています. この情報という言葉は, 19世紀に, 日本で敵情を報告する簡略語としてフランス語のランセニュマン（renseignement）から造語され, 軍事用語としては1871年の陸軍翻訳仏国陣中軌典抄に記載があり, さらにドイツ語のナハリヒト（Nachricht）の訳に使われたということが書かれています（仲本秀太郎の『情報を考える』）. 現代社会では, この情報という言葉がいろいろなところに使用され氾濫しています. 日本語の辞書, 例えば『広辞苑（第7版)』によると, ①ある事柄についての知らせ, ②判断を下したり, 行動を起こしたりするための必要な種々の媒体を介しての知識, となっています. また東京大学公開講座の「情報」(1971) の中では, 『情報とは一体何かという問に一言で答えるならば, それは「知る」という実体化である. つまり, 我々があるものについて「知る」ということは, 何かしらを得ること, 何かを頭の中に取り込んだことである. その「何かしら」を我々は情報と呼ぶのである.』といっています.

　このように情報の意味はもともと"知らせ"であったものが, 時代の変化や科学技術の進展とともに複数の意味をもつようになったと考えられます. したがって, 情報という言葉は, 知識という言葉よりもはるかに広い内容をもっています. 目から, 耳から, また他の感覚器官から入ってくるすべての刺激が情報であるとすれば, 結果として必ず行動を起こさせています. したがって, 情報を考えるときには, 必ず"送り手"と"受け手"の存在があり, この送り手や受け手は自然界に存在する人間や物です. また, 人間の場合には情報を送る手段のための媒体お

および通信・解釈に適するように，一定の表現形式に当てはめた**データ**が介在しています．この伝達手段としては会話のほか，TV，ラジオ，電話（固定・携帯）やファクシミリ，コンピュータなどの情報機器があげられます．

　産業や工業分野で製品の共通性や均一性を保つために物や言葉の意味を定義している JIS 規格（Japanese Industrial Standard：日本工業規格）によると，データとは「情報の表現であり，伝達，解釈又は処理に適するように形式化され，再度情報として解釈されるもの」と定義され，「情報」は「事実，事象，事物，過程，着想などの対象物に関して知り得たことで，概念を含む．一定の文脈中で特定の意味をもつもの」とされています．

　これらのことから，情報とは①直接人から聞いたり，電話，ラジオ，TV など何らかの情報媒体（機器）を通じて伝えられるメッセージであり，②知識を増やすために事実や概念を伝える過程に関するものであり，③コミュニケーションによって新しく生み出されてくるものである，とまとめられます．また，“情報”と“知識”の違いは，情報には流れがあり，人から人へ伝えられていくのに対して，知識は情報を分析して問題解決に役立つものであり，ある期間固定されしかも体系があります．また，人間が入手する情報は常に真実とは限りません．この点でも，知識といわれるものとは異なっています．情報は物とは異なり，使っても減ることはなく，機械や人間によって利用され，処理され，伝達され，加工・蓄積されてさらに価値が生ずるともいわれています．また，逆に必要とされない情報は，どんどん廃棄されてしまいます．

　私たちは今後これらに留意しながら情報という用語を使用していきましょう．

1.1.3　情報の活用（収集，処理）

　私たちは毎日多くの情報を提供されていますが，これらをすべて受け入れているわけではありません．当面必要のないものは捨て，自分や社会に現在あるいは近い将来に必要なものであるかを判断し，情報として受け入れています．このように 1 つの情報の価値は，人により異なった意味や重さをもっています．一般に価値ある情報の条件としては，正確性，高速性，即応性，大容量性，タイムリー性などがあげられています．本項では，このような性質や条件を備えた情報を有効に活用するために，情報の収集と処理について述べています．

a. 情 報 の 収 集

　私たちが何か新しい行動を起こそうとするときには，まず情報を収集し，その

情報に基づいて行動することが多いでしょう．特に重要なことであればあるほど，関連する情報を多く集めて間違いのないようにしようとします．この情報収集の状況は，製品開発の場合でも同様です．各メーカは消費者のニーズに合わせて売れる商品を作るために，消費者の購買意欲の動向調査と的確な収集などに工夫をこらしており，今日の新製品開発の成功の重要なポイントとなり，こうした情報の利用が今日の経営上の重要な戦略になっているのです．

　情報は，まず文字・数字・画像，そして音声として，新聞や書籍などの印刷物，TV などの対象から集められますが，いまでは年齢を問わず，いずれの場面についても，インターネットの**検索サイト**（Google や Yahoo など）で検索することが多く，全世代にわたり 80％以上の人々が発達し続けるインターネットを利用し，リアルタイムで収集されると同時に，半永久的に残るハードディスクなどに記録されています．さらにそれを後に利用しやすいように手を加えて（加工して）蓄積しています．また，大量の情報が飛び交う現在では，量より質に注目し，出典などを調べて信頼性の高い情報を得るための注意も必要です．

b.　情報の加工（処理）

　前項で"情報を加工することによってその価値を高める"と述べました．ここでは加工，すなわち処理について述べます．処理の対象を歴史的に見ると，最初はデータの処理からスタートしました．つぎが情報の処理の時代です．また，いまでは知識の処理が重要テーマになり，知識の内容も文字情報から音声や画像情報に拡がっています．さらに知識体系の処理に進みつつあり，近未来には感性の処理を目指すと考えられます．これらの段階をすべてまとめて情報の処理と呼んでいます．情報の処理の具体的な作業には，①演算，②記録（読み書き），③媒体変換があります．最近はインターネットに注目が集まっています．演算には，数値計算のほかに，記号的な比較と記号の操作（論理演算）があります．いずれにしてもコンピュータがその名のとおりにもっとも得意とする仕事です．記録には保存の意味もあります．このほかに人間がそれを介してコンピュータと意思を伝え合う入出力の仕事も重要です．特に最近では，ヒューマンフレドリーなもの，つまりコンピュータ自体が人間の方を向いた記録機能や入出力が重要視されています．媒体変換は記録の手段や方法を変換して広範囲に活用するものと，記録の媒体を変換して異なったコンピュータの間でデータを交換するものなどがあります．コンピュータ同士が通信で結ばれるようになって，互いの間の変換にも新しい意味が生まれました．通信はその文字どおりの意味ですが，マイクロ波通信，

衛星通信，光ファイバを使った通信など，大容量で高品質の通信が注目されています．通信機能の発達によって遠く離れたところからコンピュータそのものを使うことが可能になっただけではなく，ある場所に蓄えられた共用のデータを必要なだけ抜き出すような使い方，例えばデータベースが発達するようになりました．データベースは情報を使いやすく整理して保存し，削除，追加などの処理を行って，必要な情報をすぐ取り出せる（検索）ことを可能にしています．

　情報に利用されているさまざまな機器の中で，情報処理の機器の代表は，先にも述べたように 1910 年代に生まれた"コンピュータ"です．"コンピュータ"は初めは数値計算をする電子機器として，企業や大学などの特別な仕事部門や研究機関で使われていましたが，その後パーソナルコンピュータ（パソコン：PC）はワープロやインターネット用の機器として，一般の家庭でももっているところが多くなりました．このようにパソコン普及率は 1990 年後半から急速に上昇し始めましたが，2004 年の 65.7 ％で勢いはいったん頭打ちとなり，その後再び上昇をしましたが，70 ％を超えた付近で増加度合いはゆるやかなものになっています．またこの数年は，世帯あたりの保有台数が横ばい，さらには漸減していて，これはスマートフォンやタブレット型端末の普及により，パソコンを複数台整備する必要がない世帯が増えているためと推測されています．つまり，文章の作成などの各種実務作業にはキーボードをもつパソコンは欠かせませんでしたが，ウェブへのアクセスやソフトアプリの利用だけなら，スマートフォンやタブレット型端末で十分で，タブレット型端末にキーボードを取り付けるなどのノートパソコンと何ら変わりのない性能を発揮するものも市販されているからです．最近は，特に若年層のキーボード離れ，パソコン離れが進んでいるともいわれています．

　諸外国と比べて遅れているといわれている情報教育は，ようやく，新小学校学習指導要領において，プログラミングを体験しながらコンピュータに意図した処理を行わせるために必要な論理的思考力を身に付けるための学習活動を計画的に実施することが明記されています．

　また，新中学校学習指導要領では，技術・家庭科（技術分野）においてプログラミングに関する内容の充実が 2021 年度より全面実施されると記載されています．さらに，新高等学校学習指導要領においても，情報科において共通必履修科目「情報 I」を新設し，すべての生徒がプログラミングのほか，ネットワーク（情報セキュリティを含む）やデータベースの 基礎等について学習し「情報 II」（選択科目）では，プログラミング等についてさらに発展的に学ぶことが 2022 年度

より年次進行で実施されることになりました．しかしながら，ビッグデータの時代を迎え，データを処理・分析し，データから価値を引き出せる人材であるデータサイエンティストの育成はまだであり，急務であるといわれています．

1.2　情報科学の歴史

　情報科学の歴史は，"コンピュータの歴史"ともいえます．それは，コンピュータの歴史として発展してきたものが，いつしか情報科学の歴史へと発展・解消し，またコンピュータは情報科学の重要な部分を担っているからです．いまからわずか100年ほど前に誕生したコンピュータは今世紀最大の発明であるといわれ，コンピュータの普及と情報伝達の手段の通信と融合した情報通信システムの発達により，21世紀に入ってから加速度的な進展と生活へのかかわりを強めています．

1.2.1　情報通信とコンピュータの歴史と発展

　コンピュータの歴史と発展について述べる前に，21世紀の情報社会では特に重要になってきている情報伝達の歴史と発展について記述します．

a.　情報伝達の歴史と発展

　古くは山々に上がる煙が敵の襲来を告げ，現在は打ち上げられたスペースシャトルからの中継で無重力の様子を知るなど，情報伝達の重要性は昔も今も変わっていません．その上，コンピュータと通信ネットワークシステムとの融合により，情報システムに大きな変革がもたらされ，情報科学における通信の役割は重要性を増しています．ここでは，情報伝達としての通信の歴史について少し触れておきましょう．

b.　情報伝達の方法

　原始人のコミュニケーションは，いまだ人には言葉がなかったころ，声や身体の動作を用いて伝達していましたが，進化するにつれて簡単な言葉が生まれてきました．狩猟時代から農耕時代へと生活様式が変わるとともに，表現の手段として，壁画などの絵や文字が木や石に刻みつけられて伝達されていました．この方法は今日でも情報を伝える貴重な媒体（メディア）となっています．さらにパピルスを加工して紙が作られ，書き付ける技術によって初めて情報媒体の移動が可能になりました．こうして情報の伝達範囲が急速に拡大し，さらに飛脚によって遠隔地まで手紙が運ばれるようになりました．このような文字を記録し相手に届

ける通信の形としては，旧約聖書のノアの箱船の鳩が有名です．

　情報をより早く伝えたいという願いは古代ギリシャのアテネとスパルタとの戦争のころ（B.C.431 ～ B.C.404）の走って情報を相手に伝えることに始まります．高い山頂で火をたいて煙を上げる"のろし"の利用は紀元前 1200 年のトロイの戦争に始まっています．やがて 1445 年のグーテンベルグ（J. Gutenberg：1394 (9) ～ 1468）の活版印刷術の発明により，情報を一度に多数の人々に伝達することが可能となったのです．なお，現在の郵便制度の基礎は 1516 年のタシスキの民営郵便に始まり，日本では 1817 年に近代郵便制度が開始されました．

c.　電気通信技術の発展

　古代から知られていた摩擦電気では，火花のように瞬間的な電流を流せるだけでしたが，1800 年にボルタ（A.Volta：1745 ～ 1827，イタリア）によって電池が発明され，水の電気分解法により負の電極に接続した導体線から水素ガスが出るか出ないかで情報が送られるようになりました．電線に電流を流し，近くの磁針を振れさす電流の磁化作用が 1821 年にエルステッド（H. C. Oersted：1777 ～ 1851，デンマーク）によって発表され，1800 年代後半から銅線を用いた通信ケーブルに信号電流を流す仕組みの有線通信が始まり，数 100 km の範囲まで情報は伝達されるようになりました．そして情報伝達の歴史の中でもっとも革命的なものは，モールス（S. Morse：1791 ～ 1872，アメリカ）の電信機の発明です．モールスはさらに 1837 年にモールス符号を考案し，この符号を単純なスイッチと電磁石を用いたモールスの電信機を用いた公開実験を行いました．1849 年に敷設された英仏海峡の海底電信ケーブルで実現され，世界各地へつながる海底ケーブル網へと発展しています．モールスの偉大さは，この電気通信の成功とトン，ツーという 2 値符号によるデジタル電気信号で文字を表現したことです．表 1.1 に今日までの通信技術の発達の歴史を示します．

　一方，人間の声をそのままの形で伝達する電話は，ベル（A. G. Bell：1847 ～ 1922，イギリス）が 1876 年に発明しました．今日の AT&T（アメリカ電信電話会社）は，ベル電話会社が発展して作られた会社です．また，18 世紀から 19 世紀にかけて，膨大な実験データを積み重ね電磁気学として統一されました．マクスウェル（J. C. Maxwell：1831 ～ 1879）はこれらを数学的に定式化し，近代物理学の基礎となるマクスウェルの方程式としてまとめました．さらに 1886 年にヘルツ（H. R. Heltz：1857 ～ 1894，ドイツ）によって電波の存在とその性質が明らかにされています．これによりマクスウェルの理論は証明され不動のものと

表 1.1　通信技術の発展の歴史

年　代	事　　柄
1791	腕木通信機（C. Chappe, フランス）
1831	電磁誘導の発見（M. Faraday, イギリス）
1835	電信の発明（S. Morse, アメリカ）
1844	ワシントン—ボルチモア間電信開始
1850	英仏海峡海底通信ケーブル開通
1856	アメリカで電報会社 Westen Union 設立
1857	大西洋横断ケーブル開通
1861	電磁場の基礎方程式（J. C. Maxwell, イギリス）
1869	東京—横浜間電信開通
1871	長崎—上海，長崎—ウラジオストク間海底電信線開通
1876	電話の発明（A. G. Bell, イギリス）
1877	マイクロホンの発明（D. E. Hughes, イギリス）
1878	電話機国産開始，パリ—ブリュッセル間国際電話開通
1888	電磁波伝播実験（H. R. Hertz, ドイツ）
	日本 ISDN サービス開始（デジタル通信サービス）
1890	東京—横浜間電話交換開始
1896	無線電信の発明（G. M. Marconi, イタリア）
1903	デジタル携帯電話の普及本格化
1906	3 極真空管の発明
1920	アメリカのピッツバーグでラジオ放送開始
1925	日本（NHK）放送開始
1926	ブラウン管を持ちいた遠隔電送実験に成功（高柳健次郎，日本）
1941	アメリカで TV 開局
1948	トランジスタの発明（W. Schockly ら，アメリカ），情報理論（C. E. Shannon, アメリカ）
1948	ホログラフィの原理（D. Gabor, イギリス）
1953	日本で TV 開局
1955	メーザの発明（C. H. Townes ら，アメリカ）
1956	日本で太平洋横断ケーブルを使った電信サービス開始
1957	ソ連で人工衛星打ち上げ，アメリカで電話線によるデータ通信
1960	固体レーザの発振（T. H. Maiman ら，アメリカ）
1963	日米間衛星中継成功（最初のニュース：ケネディ大統領暗殺）
1964	東京オリンピック，人工衛星による全世界 TV 同時中継
	通信用光伝送路の考案（西沢潤一ら，日本）
1969	集束性光ファイバセルフォックスの試作（内田ら，日本）
1970	CVD 法による低損失（20dB/km）の光ファイバの実現（Kapron ら，北野ら）
	GaAIAs/GaAs2 重ヘテロ接合室温連続発振半導体レーザ開発（林巌雄ら，アメリカ）
1973	光ビデオディスクの試作（Compaan ら，オランダ）
1978	GaInAs/lnP による注入型量子井戸レーザの開発（Rezek ら，アメリカ）
1979	日本の首都圏で自動車電話サービス開始
1980	0.22dB/km の低損失光ファイバを VAD 法で開発（伊沢達夫ら，日本）
1985	日本，通信自由化
1988	表面発光レーザの常温 CW 発振（伊賀健一ら，日本）
	日本 ISDN サービス開始（デジタル通信サービス）

表 1.1　続き

年　代	事　柄
1990	赤色 InGaAIP 半導体レーザの開発（東芝，日電，フィリプスなど）
1990 代前半	インターネットの世界的普及開始
1990 代後半	デジタル携帯電話の普及本格化
	インターネットのホームページの増加
2001	ADSL 方式のブロードバンドインターネットの家庭への普及
2003	日本地上デジタルテレビジョン放送の開始
2000 代前半	ADSL 方式のブロードバンドインターネットの家庭への普及
2004	インターネットを用いた動画配信サービスが本格化
2006	日本におけるインターネットの普及率が 72.6%に
2000 代後半	インターネットを用いた動画配信サービスが本格化

なりました．また，**マルコーニ**（M. G. Marconi：1874 〜 1937，イタリア）は，1894 年に無線の実験を始め，1899 年に最初の国際無線通信を英仏間で行い，1901 年に大西洋を隔てたアメリカとの通信に成功しています．これらの電話，無線電信技術の発明により大陸間の長距離通信が低コストで実現可能となり今日の電気通信事業のもとになっています．

d.　光ファイバ通信

現在，膨大な量の情報を伝送しているのが，光ファイバ通信技術です．この光ファイバ通信の生い立ち，半導体レーザと光ファイバ通信についての仕組みと特徴について簡単に述べます．

（1）　光による情報伝達

古来，人類は遠く離れた相手に意志を伝えるため，さまざまな情報伝達手段として，例えば，のろしを上げたり，灯火を点滅させたり，手旗信号を用いたりする方法が考え出されてきました．これらは，一種の自然光を利用した光通信といえます．自然光を利用する光通信の特筆すべき実験は，電話の発明で有名なベルが行ったもので，彼は 1880 年に太陽光を使った光電話（photo-phone）を考案し，声を光に変えて 213 m 先まで伝送し，再び音声に戻す実験に成功しています．

このように情報伝達のために光を利用することはかなり早くから考えられていました．電波に比べ周波数を高くしていけば，無線通信より桁違いに多量の情報を送ることができるからです．しかし，途中の伝送路が空間であるため，光が広がったり散乱してしまうことで伝送は困難であり，わずかに短距離の通信用としてのみ適用可能になりました．一方，ガラスの中に光を閉じ込めて伝送する光ファイバは，光を狭い空間に閉じ込め光を遠くまで伝送する手段として大変優れてい

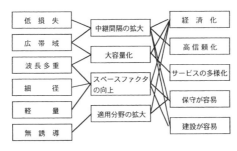

図 1.2 光通信の特徴

ます.

　この光ファイバ通信の本格的研究の開始は, 1966 年 STL 研究所 (イギリス) の**カオ** (C. Kao：1933 ～ 2018) による光ファイバ伝送に関する歴史的な論文の発表になります. この後, 各国で低損失光ファイバの実現に向けた研究が開始され, 1970 年にはアメリカのコーニングガラス社が, 1 km あたりの伝送損失が 20 dB という, 低損失光ファイバの試作に成功しています. その後, 今日まで, 光ファイバ技術は光ファイバの低損失化の追求に向けて急速な発展を遂げました.

　光ファイバ通信の原理は大変簡単なもので, 情報を 0 と 1 のデジタル信号に変換し, これを光の点滅で相手に送るものです. 懐中電灯などを点滅させて通信するのとまったく同じですが, 異なる点は, 光の減衰の少ないガラスで作られた光ファイバを使うことで高速で光を点滅でき, かつ効率よく光ファイバに入れることができる半導体レーザを光源として使っていることです. 光通信の特徴をまとめると図 1.2 のようになります.

　光ファイバは直径 125μm の髪の毛ほどの細いガラス線でできていて, 鉛筆に似た断面構造をしています. 光ファイバ内では, 屈折率の大きなコア部分とそれを取り囲む屈折率の小さなクラッド部分の境界面で全反射され, 光がコア内に閉じ込められます.

　図 1.3 のような芯の部分を中心軸にした正しい円形のファイバ母材を精度よく作る技術は, 日本 (NTT) で開発されました. 垂直軸付け法 (VAD 法) と呼ばれる方法です. 軸となる石英ガラス棒を垂直に立て, それを回転させながら側面にクラッドとなる部分のススをつけていくもので, 重力の影響を受けないため, 回転軸を中心とした正しい円形断面の母材が能率よく加工できる特徴があります. 現在, 世界中の光ファイバのほとんどがこの方法で作られています.

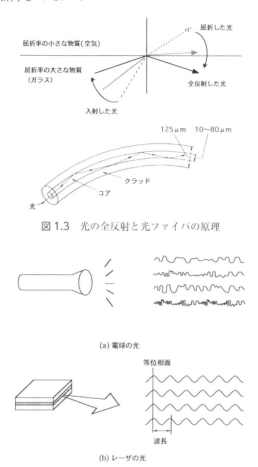

図1.3　光の全反射と光ファイバの原理

(a) 電球の光

等位相面

波長

(b) レーザの光

図1.4　電球の光とレーザの光

（2）　レーザの発明

　レーザ（LASER）は，Light Amplification by Stimulated Emission of Radiation（誘導放出による増幅）の頭文字をとったもので，電球や蛍光灯などの光が図1.4（a）に示すように波長や位相がばらばら（インコヒーレント光）であるのに対し，レーザによって得られる光は図1.4（b）のように波長や位相がほとんど一致しており（コヒーレント光），また指向性にも非常に優れているという特長を有し，通信用として大きな魅力を秘めています．

　図1.5に半導体レーザ（LD：Laser Diode）を内蔵したパッケージの概観を示

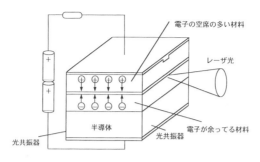

図1.5 半導体レーザの構造

します．半導体とは金属とプラスチックのような絶縁体との中間の抵抗率をもつ材料のことです．代表的なものはシリコンですが，半導体レーザは In, Ga, Al, As, P などの元素からなる化合物半導体によって作られています．半導体の結晶端面を鏡として増幅用共振器を形成して，誘導放出が起きるとレーザ発振します．

LD 自身は砂糖粒くらいの大きさですが，数 10 mW 以上の強いレーザ光を発し，しかもその寿命は数 10 年以上と半永久的です．また，LD の発する光の強さは流す電流の大きさに比例するので，電気信号から光信号への変換が容易です．

光通信では，ファイバがもっとも透明になる光線の色（波長という）に合わせて，目に見えない赤外線の波長（1.3 μm または 1.55 μm）で発光する LD が用いられます．当初開発された 0.8 μm 帯の LD は，CD（コンパクトディスク）などで多量に使用されています．また最近では GaN 半導体のように青色で発振する半導体レーザも開発され，従来の赤色が青色になると光の波長が短くなるので，画像やデータのメモリ容量が格段に増えると期待されています．

なお，1970 年は，先に述べた実用的な光ファイバの製造とともに，半導体レーザの連続発振に成功という二つのエポックメイキングなできごとがあったことから，"光ファイバ通信元年" と位置づけられています．

（3）光ファイバ通信の仕組み

図1.6（a），（b）に光ファイバ通信システムの基本構成を示します．電話，パソコン，ファクシミリなどの端末から送られる電気信号は，電気−光変換器（E/O）により光信号に変換（電気信号の強弱は光信号の強弱に，また電気信号 "1", "0" は光の点滅に変換）され，光ファイバへ送り込まれます．光ファイバの中を伝搬する信号は，通信相手の光−電気変換器（O/E）へと届きます．光−電気変換器

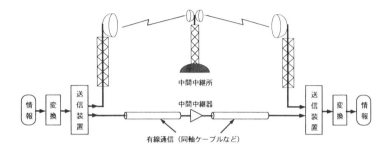

(a) 電気通信システム

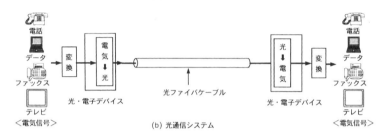

(b) 光通信システム

図 1.6　光ファイバ通信システムの基本構成

では光を電気信号の強弱に変換し，電話，パソコン，ファクシミリなどの信号に戻され各端末器へ送られます．

　日本国内は，光ファイバケーブルで高速道路のように結ばれています．本州と北海道，九州と沖縄等の海をはさんだレートは，光ファイバケーブルを海底に敷設してつなぐ光海底通信方式が使用されています．この方式を用いて遠く太平洋をはさんだ米国をはじめ，諸外国の国々とも光ファイバでつながっています．

　さらに，2007 年ごろに多用されるようになったインターネットに接続できるスマートフォンは，情報端末が人とともに動くいわゆるウェアラブルなものであり，光で送られる情報は，最終段階では電波によって利用者や移動体などへ達するようになり，情報活動の利便性が飛躍的に広がり，情報通信時代が花開きました．

　(4)　FTTH：光ファイバの家庭への導入

　21 世紀の IT 時代を迎え，電話局から各家庭までの加入者線を結ぶ銅線のアクセス網を広域性に優れた光ファイバに置き換えた，高速な通信環境の名称です．現在では光ファイバを使ったブロードバンドサービスの一般名称になっています．国内での FTTH（Fiber To The Home）サービスは，2001 年 3 月に，有線ブロー

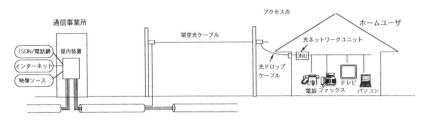

図 1.7　FTTH の構成

ドネットワークス（USEN）の "Broad Gate01" が東京都の世田谷区と渋谷区の一部で開始されたのが最初で，その後，NTT 東日本・西日本が「B フレッツ」として本格的にサービスを開始し，電力系の各事業者や KDDI なども参入しています．

図 1.7 に通信会社から配線点，アクセス点を通して自宅までを光ファイバでつなぐ FTTH の構成例を示しました．各家庭に光ファイバを供給するため，1,000〜3,000 本のファイバ心線を一つのケーブルに束ねた高密度光ケーブルと，複数のファイバ心線を接続する 40 心一括コネクタが開発されるなど，日本の優れたシステム技術で，国内ではほぼ実現されています．

(5)　光ファイバ通信の未来（ギガからテラビットの時代へ）：フォトニックネットワーク

光ファイバ通信は多くの情報をまとめて（多重化して）送ることで経済化を図っています．多重化の方法は，通常，電気的な**時分割多重**（TDM：Time Division Multiplexing）が用いられます．しかしながら，この方法では電気系の速度制限により数 10 ギガビット / 秒が限界となり，光ファイバの広帯域特性が活かせません．この限界を打ち破る方法として，光領域でわずかに色（波長）の異なる多数の光線を用意して，それぞれ独立に信号を乗せて 1 本の光ファイバで一括して送信する方法，多重 / 分離を行う**波長分割多重**（WDM:Wave Division Multiplexing）と光の周波数は電気に比べて 3 〜 4 桁大きいので比較的容易に得られるピコ（秒 10 〜 12 秒）以下の超短光パルスを利用して複数の光信号を時分割的に多重・分離を行う**光時分割多重**（OTDM：Optical time Division Multiplex）技術が提案されています．これらを集大成して実現される次世代のネットワーク基盤を"フォトニックネットワーク"と呼び，実用化に向けた研究開発が進められています．

　次の項目 e で述べるインターネットの発展は，このように物理網としての光ファイバ通信の進歩に支えられています．1990 年代の後半には伝送量が 1 万倍以上に大容量化し，ファイバ通信が始まった 1970 年代後半に比べて，画像情報の伝送コストが激減し，ネット利用の商業的な価値を高めています．さらに社会活動のネット依存度が急増し，必要な知識情報を即座に活用できる情報通信技術社会が切り拓かれることになりました．

e.　インターネット

　SNS やネットショッピングなど，いまでは多くの人々が日常的に利用しているインターネットですが，日本における歴史はまだ 30 年余りにすぎません．インターネットは，光ファイバや無線を含む幅広い通信技術により結合され，地域から世界各国までのグローバルな範囲をもつ，個人・公共・教育機関・商用・政府などの各ネットワークから構成された "ネットワークのネットワーク" です．また，ネットワークを形作る情報通信技術の総称でもあります．ウェブのハイパーテキスト文書やアプリケーション，電子メール，音声通信，ファイル共有のピアツーピア（Peer to Peer，P2P）などを含む技術など，広範な情報とサービスの基盤となっています．

　"インターネット" という言葉の起源は一般名詞の "ネットワーク（internetwork）" で，本来の意味は「ネットワーク間のネットワーク」や「複数のネットワークを相互接続したネットワーク」です．

　また，インターネット技術を使用した社内など組織内のネットワークは**イントラネット**，複数のイントラネット間あるいはインターネットとイントラネット間を接続したネットワークを**エクストラネット**，あるいは**アウターネット**とも呼んでいます．

　インターネットへの接続は，一般にはインターネット・プロトコル技術を搭載したインターネット端末を使用して，インターネット・サービスプロバイダ経由で接続されます．当初は，世界的に常時接続環境が提供されているのは都市部が中心で，山間部や離島などとの情報格差が問題になっていましたが，いまではパソコンの低価格化や，インターネットに対応したフィーチャーフォン（3G 携帯），スマートフォン，タブレット端末，あるいはスマートテレビなどの登場で，かつてのパソコンと比べ格段に操作も容易になりました．これにより，インターネットについての高度な知識やスキルは不要となり，操作スキルの有無による格差もなくなっています．

　1990 年以降はインターネットの世界的な普及により，各種のコンピュータ，携帯電話，ゲーム機，家電，産業機器などの端末機器をもつようになっています．2005 年以降には一般的な日常生活で使われるようになったさまざまなサービスが提供を開始しています．2005 年には動画共有サイト，YouTube がサービスを開始，2007 年にはニコニコ動画生放送が開始，Facebook，Twitter もサービスを開始，2011 年には Google 社がその翌年 line がサービスを開始しています．このように 1990 年からの 20 年間には，インターネットは学術ネットワークから，日常生活のインフラへと変化を遂げて，誰でも手軽にネットアプリを楽しめるようになっています．今後はますますインターネットに関する新しいテクノロジーが私たちの生活に大きな影響を与えていくと予想されています．

f.　衛 星 通 信

　衛星通信は，赤道上空 36,000 km の静止軌道上に打ち上げられた人工衛星に向けて送信局から膨大な情報を送信（アップリンク）したのち，地球にある受信局に向けて一斉配信（ダウンリンク）する通信システムです．衛星通信は，人工衛星とそれにアクセスする多数の地球局から構成されています（図 1.8）．限りなく数多くの拠点に向けて大容量の情報を新鮮な状態で届けたいとき，衛星通信は最も理想的な手段です．

　衛星通信を使ったコミュニケーションには，「広域・同報性」「柔軟性」そして「大容量」といった特長があります．また自然災害時におけるネットワークの確保という「耐災害性」の観点からも，その優位性を発揮します．最近では，広帯域伝送路の主役の座は，光ファイバシステムに譲ったものの，衛星放送，移動通信，

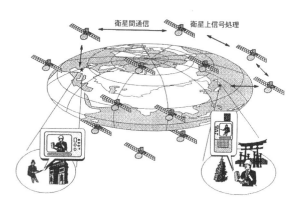

図 1.8　衛星通信

ナビゲーション，非常災害通信等々，その利用分野は大きな広がりを見せています．衛星通信は，人工衛星とそれにアクセスする多数の地球局から構成されています．現在，衛星通信が活躍している分野として，①固定地点間通信，②移動通信，③衛星放送などがあります．

　しかし，衛星通信の設計あるいは運用に際しては，これら衛星通信の長所を積極的に活用するとともに，利用周波数帯および衛星軌道に限りがあり，静止軌道上の衛星の場合，片道で 0.25 秒の伝搬遅延があります．また，通信妨害を受けやすく，また傍受されやすいこと，激しい降雨，太陽雑音などの自然現象によって一時的に回線品質の劣化および通信断となるなどの短所を克服するためのデジタル技術化が必要とされています．

g.　携　帯　電　話

　携帯電話は，文字どおりに人が携帯し，移動しながらの通話が可能な電話サービスです．無線通信機器の一種であり，電話機端末からは信号が無線で近くのアンテナに送付され，そこから先は光ファイバで携帯電話会社の交換機に送られます．またその先は，相手の番号をもつ携帯電話の近くにあるアンテナを経由して無線で呼び出します．携帯電話網は無線通信と光ファイバとのハイブリッドシステムです．

　日本では，1970 年にサービスを始めた自動車電話が最初で"携帯・自動車電話"という表現で呼ばれていました．当初の携帯電話には通話機能しかありませんでしたが，音声通話のデジタル化により端末全体がデジタル化し，これによりパケット通信によるデジタルネットワークへの接続が可能となりました．デジタルネットワークの中でも，世界的に普及しているインターネットへの接続が早くから行われ，携帯電話でインターネット網にアクセスできるようになり，クライアント化につながりました．これにより携帯電話を対象にしたウェブページが携帯電話会社から公式サイトとして設立され，また個人でインターネット上に携帯電話を対象にした勝手サイトと呼ばれるサイトが開設されるようになりました．さらに携帯電話の高速通信化により，通信機能を利用して携帯電話で金銭の管理を行うモバイルバンキングやオンライントレードも行えるようになっただけでなく，動画コンテンツの閲覧も可能となりました．

　通話しかできなかった 1980 年代から 1990 年代の携帯電話に対して，1990 年代年代後半から 2000 年代にかけて普及していたフィーチャーフォンは SMS 機能（携帯番号を宛先として送るメッセージ機能）やインターネット閲覧機能を備える

など十分に高機能でしたが，メールやカレンダーなどの基本アプリ以外には使えるアプリが少なく，インターネットも限定的にしか見られていませんでした．一方，2007 年に発表された初代 iPhone から始まったスマートフォンは，インターネットやアプリも自由にダウンロードしたり消したりバージョンアップすることができ，OS をバージョンアップすることもできました．2010 年代中盤以降のスマートフォンでは，高速通信（LTE）機能や，AI を使った音声認識によるバーチャルアシスタント機能を備えています．

　一方 OS は，Apple 社の iPhone で使われている iOS と，その他のほとんどの製品で使われている Google 社の Android が一般的ですが，また各携帯電話会社で Android を独自にカスタマイズした OS もあります．

　日本では 2016 年のスマホの普及率は全年代で 71.3 %，特に 20 代では 96.8 %に達するなど，スマホは 2010 年代においてもっとも一般的な携帯電話の形態となっています．

h.　スマートフォン

　携帯電話の一形態でウェブサイトの閲覧，電子メールの送受信などのインターネット利用，スケジュール管理，パソコンで作成された各種書籍ファイルの閲覧などの機能を備え，パソコンと類似の使い方が可能な携帯電話の総称で，略してスマホとも呼ばれています．ソフトウェア開発環境も提供されており，ソフトアプリケーション（いわゆるアプリ）をインストールすることで機能の増強も可能となっています．液晶画面も広くなり，文字入力が可能であること，形態も携帯電話と同じようなタイプから，タッチパネル式，パソコンと同様にキーボードをもつものなどがあります．スマホの画面が大きいものを**タブレット**と呼んでいます．Microsoft 社の Windows Mobile，Google 社の Android などの搭載機種があります．

　携帯電話によるインターネット利用が一般的になり，スマホで動画視聴もあたりまえの時代になりました．このような進化は無線データ通信網の技術革新などによるものです．通信速度向上を実現する仕組みを世代（generation）と呼んでいますが，現在日本の主流は第 4 世代，いわゆる 4G です．現在，話題を呼んでいるのが次世代の 5G で通信速度の向上とともに他接続性，低遅延などの多角的な技術検討がなされています．通信に遅延があると実現が難しかった自動運転自動車，遠隔手術などの分野への適用が期待されています．

1.2.2　コンピュータの歴史と発展

　コンピュータの歴史を詳しく述べようとするとそれだけで数冊の本になってしまうでしょう．Amazon などのショッピングサイトを見てもコンピュータの歴史に関しては多くの出版書があります．ここでは，まずコンピュータ前史と誕生について主要なものを表 1.2 にまとめ，この表に沿って簡単に述べましょう．

a.　コンピュータの誕生

　コンピュータの起源を求めるとそろばんや計算尺などの計算の道具ということになるでしょう．物の交換が始まったころ，物を数えることが必要になり石や木の実が使われ，やがて数珠のように石や木の実を 10 個ずつ通して勘定の道具が作られるようになりました．計算の道具について記した世界最古の漢の文献に "珠算" という記載が見られます．日本には 16 世紀後半，安土桃山時代に伝来したといわれています．

　そのほかに計算機械の原型と考えられるものには**ネーピアの骨**（Napier's bones）と呼ばれる乗算用の道具があります．ネーピア（J. Napier：1550 〜 1617，イギリス）は対数法の創始者としても知られています．同じ計算道具として乗除算は対数計算において加減算として処理されることを利用して，対数目盛りをつけて物差 2 本を相互に滑らせて乗除算や関数計算をするようになったオートレッド（W. Oughtred：1575 〜 1660，イギリス）の**計算尺**があります．この計算尺は 19 世紀になって急速に普及しました．このようなネーピアの骨や計算尺は「アナログ（相似）形」計算機の原型と考えられ，そろばんは「デジタル（計数）形」計算機の原型と考えられます．アナログとデジタルについては第 2 章で詳しく説明します．

　1642 年に発明された**パスカル**（B. Pascal：1623 〜 1662，フランス）が作製した**パスカリーヌ**（Pascaline）は，現存しているもっとも古い手動式機械計算機です．これは桁数に等しいだけの数の歯車を並べ，その桁上げ機構をつけただけの簡単なものでしたが，1674 年に**ライプニッツ**（G. W. Leibnitz：1646 〜 1719，ドイツ）がフランク・ハンドル式計算機を発明し，加算と桁ずらしを繰り返すメカニズムを考案し乗除算を行うことができるようになりました．この 2 つの計算機は四則演算の機械的な実行方法を作り出したということで高く評価されています．その後半世紀を経て同種の計算機がアメリカやヨーロッパで発売されています．日本では同じ機構をもつ卓上歯車式が 1924 年大本寅次郎によって発

表1.2 コンピュータの前史と誕生

世　代	年　代	内　　容
前　史	太　古	あしや木のよしに木の実や石を 10 ずつ通して数える
	紀元前 5000 年	メソポタミア文明でローマの溝式ソロバンと同様の形態のソロバン
	紀元前 1000 年	そろばん（中国）
	1614	ボーンズ算木を用いた計算道具の発明（J.Napier，イギリス）
	1621	計算尺の発明（W.Oughtred，イギリス）
	1642	歯車式加算器（B.Pascal，フランス）
	1672	乗除算のできる歯車式計算機の発明（G.W.Leibnitz，ドイツ）
	1804	ジャカール織機の発明（J.M.Jacquard，フランス）
	1823	階差機関の製作開始（C.Babbage，イギリス）
	1848	論理数学の解析の発表（G.Boole，イギリス），記号論理学の基礎を築く
	1889	統計機械の発明（H.Hollerith，アメリカ） PCS（パンチカードシステム）が誕生
誕　生	1916	CTR（Computing Tabrrating Recording）社設立
	1924	CTR 社，International Business Mashines Corp 社に社名変更
	1936	万能計算機に関する論文の発表（A.Turing，イギリス）
	1937	ブール代数によるスイッチング回路の解析の発表 （C.E.Shannon，アメリカ），情報理論の基礎を築く
	1944	電気機械式自動計算機 MarkI の開発（H.H.Aiken ら，アメリカ）
	1946	プログラム内蔵型方式の提案（J.V.Neumann，アメリカ） 最初の計数型電子計算機 ENIAC の開発（J.P.Eckert ら，アメリカ）
	1949	最初のプログラム内蔵型コンピュータ EDSAC の開発 （M.V.Wilks ら，イギリス）
	1951	世界最初の商用コンピュータ UNIVAC-I の開発（Eckert & Mauchly co.，アメリカ）
	1954	日本初のコンピュータ FUJIC の開発（岡崎文次，富士写真フィルム）
	1958	最初のパラメトロコンピュータの開発（東京大学，日本）

　明された**タイガー計算機**として売り出され，1970 年までに 50 万台が生産されています．

　19 世紀に入ると，イギリスの数学者**バベッジ**（C. Babbage：1792 ～ 1871，イギリス）が，三角関数の対数価を求める複雑な多項式の計算を「階差」の計算に分解し，歯車を組み合わせた単純な加算で行う「階差機関」を構想しました．しかし，歯車，ラック・ピニオンなどの部品も当時の技術では作製できなかったので 1833 年に中止し，1834 年から今日の自動計算機の構想をもつ**解析機関**（an-

alytical engine）という新しい計算機の作製に，政府の援助を受けてとりかかっています．この解析機関は階差機関を発展させた装置で，今日のコンピュータの記憶，演算，制御，入出力と同じように働く四つの機構がありました．

① 記憶装置に相当する「ストア」と呼ばれる部分．

② 演算装置に相当する「ミル」と呼ばれる部分．

③ 制御装置に相当する「ストア」と「ミル」を連結するためのギアとレバーからなる伝達機構．

④ 情報の出し入れを行う入出力装置に相当する部分．

　また，**ハードウェア**と**ソフトウェア**の概念があり，プログラムで処理するように仕組まれていました．しかし，制御機構を多数複雑に組み合わせた解析機関全体を意図どおりに動作させることは難しく，彼は生存中に解析機関の完成を見ることはできませんでした．データの入出力にはパンチカードのようなものが使われました．このヒントになったのがジャカール機という織機でした．これはジャカール（J. M. Jacquard：1752 ～ 1834，フランス）によって発明されたもので，紙にあけた穴を読み取ってそれに従って径糸が操作され，定められた模様の織物が織り上げられるという仕組みになっています．

　バベッジのこの構想は，ホレリス（H. Hollerith：1860 ～ 1926，アメリカ）によって半世紀後の1887年に実現されています．**穿孔カード**と呼ばれる特殊なカードに穴をあけ，穴の位置をいろいろに変えたカードを何枚も重ねてプログラムを作ったのです．この計算機は，**パンチカード式統計機械**と呼ばれるもので，加減乗除のほかに分類機能も備えていました．この機械を国税調査の統計処理に利用して大成功を収めたホレリスは，やがて**タブレーティング・マシン社**という，世界最大のコンピュータメーカ**IBM**社（International Business Machines corporation）の前身になる会社を1896年に設立しました．

　20世紀も半ばになると，軍事上の目的から高速の計算機が強く要望されるようになり，これに応える最初の計算機として，1944年にハーバード大学のエイケン（H. Aiken：1900 ～ 1973）によりIBM社と共同で電気機械式自動逐次制御計算機**Mark I**が作られました．ギヤ，カム，スイッチ，リレーなど76万個の部品と500マイルにも及ぶ配線が利用され，それまでの機械式に比べてかなりの部分が電子的なものに置き換えられました．これにより，例えば10進23桁の乗算を4.5秒で実行できるほど計算時間が短縮されました．**アタナソフ**（J. V. Atanasoff：1904 ～ 1995）とその学生ベリー（C. E. Berry，当時米国アイオワ大学）は，最

高 25 元の連立方程式を解く目的で，1937 年から真空管式の高速計算機械の試作
機アタナソフ・ベリー・コンピュータ（Atanasoff-Berrys computer）にとりか
かりました．1941 年には，真空管約 300 本を用い 2 号機を作りましたが，入出
力が不安定なことと第二次世界大戦勃発によりついに未完成に終わりました．そ
のためアタナソフの研究は歴史の波に呑み込まれた形でしたが，皮肉にも特許係
争の梃子として使われて，1970 年代になって陽の目を見ることになりました．ア
タナソフについては巻末の「コンピュータをつくりあげた人々」で紹介します．

　1946 年にペンシルバニア大学の**エッカート**（J. P. Eckert：1919 ～ 1995）と
モークリー（J. Mauchly：1970 ～ 1980）により世界最初のコンピュータ ENIAC
（Electronic Numerical Integrated And Computer）が作られました．計算頭脳
に 18,800 本の真空管が使われ，真空管の放電現象による熱電子の放出・停止を
応用して電気的な入出力（on/off）を行うもので機器は全長 30 m，重さ 30 トン
もあり，スイッチと配線により命令が与えられプログラムが組み替えられました．
この配線のわずらわしさを解消したのは 1946 年に米国プリンストン高等研究所
の**フォン・ノイマン**（J. von Neumann：1903 ～ 1957）が提唱し，今日のコンピュー
タ方式の基礎となっている**プログラム記憶**（stored on program）方式です．こ
の方式では，一連の計算手順を表した，符号化した命令の系列からなるプログラ
ムを，計算のデータと同様に主記憶装置に蓄えて，命令を逐次読み出して実行し
ます．こうすれば別の問題解決をしたければ，異なるプログラムを主記憶装置に
蓄積して実行させるだけでよくなります．この構想を実現したコンピュータ
EDVAC（Electronic Discrete Variable Computer）が米国ペンシルバニア大学
で開発され，1952 年に完成しました．

　ここでフォン・ノイマン以前のコンピュータの数学理論に触れておきましょう．
1854 年，**ブール**（G. Boole：1815 ～ 1864，イギリス）によって論理学と代数学
が統合され，ブール代数という体系が作られました．1937 年にそのブール代数の
公理系を電子回路として表現できるということが，電気工学者のシャノンによっ
て示されました．また，同じころ，数学者の**チューリング**（A. M. Turing：1912
～ 1954，イギリス）は論理的計算など計算一般を人工的にこなしていく，一般的
なモデルを扱った論文を発表しました．これは現在**チューリング機械**と呼ばれて
いる万能機械で，現在のコンピュータはその実現とみることができます．フォン・
ノイマンもコンピュータの基本概念はチューリングに負っていると述べています．

b. コンピュータの発達

　その後，計算に対する需要と電子産業の急速な発展によりコンピュータは急速に進歩しました．米国では1950年代の初めから実用段階に入りENIACを開発したエッカートとモークリーにより創設された会社を引き継いだ新しい会社で最初の商用計算機UNIVAC-Iが完成されました．1952年にはIBMによる最初の科学技術計算用大型コンピュータIBM 701が，1953年には商用計算用大型コンピュータIBM 702が開発されています．これらはいずれも真空管式の機械です．

　以来，現在までのコンピュータの発展はハードウェア，その中でも論理素子を基準として分類されています．表1.3に第1世代からのコンピュータ発達の歴史を示します．コンピュータの処理速度は一般に第1世代を1とすると，現在では10,000倍の向上があり，論理素子の体積は逆に1/100,000に小さくなっています．

　このようなコンピュータの発展の契機を作ったのは，1948年のバーディーン（J. Bardeen：1908 ～ 1991），ブラッタン（W. H. Brattain：1902 ～ 1987），ショクリー（W. Shockley：1910 ～ 1989）のBBSトリオによる**トランジスタ**の発明です．真空管は真空管中での電子の流れを制御する電子回路素子ですが，トランジスタは固体中の電子の流れを制御する電子回路素子です．トランジスタは真空管に比べて，小型で信頼性が高く，演算スピードが早く，価格が安いなどの優れた点が多く，これによりコンピュータを小型化し，長時間安定的に動作させることができるようになりました．このトランジスタを最初に使用したのがIBM社の7070で，IBM社はこの成功によりコンピュータメーカとして世界に君臨するようになりました．

　トランジスタの発明と，プレーナ技術と呼ばれる微細加工技術によって，1枚の板の上に何個ものトランジスタを埋め込み，配線してトランジスタを回路に組み立てた集積回路（IC：Integrated Circuit）が開発されました．はじめは1 cm²の板に10個ほどのトランジスタが埋め込まれただけでしたが，このプレーナ技術は，まさに20世紀最大の技術革新ともいえるもので，今日では，1 cm²の板に数百万個ものトランジスタが埋め込まれるようになっています．これを，初期の集積回路と区別して，大規模集積回路（LSI：Large Scale Integration）と，さらに高密度のものは，**超LSI**（**VLSI**：Very Large Scale Integration）と呼んでいます．

　1971年にはインテル社が演算処理部を1個または数個の超LSIで構成した，マイクロプロセッサ4004（microprocessor 4004）を電卓用のICとして開発し

表 1.3　コンピュータの発展史

世代	第 1 世代	第 2 世代	第 3 世代	第 3.5 世代	第 4 世代
年代	1946 年 ENIAC 完成 〜 1958 年 IBM709 出荷	1959 年 IBM1401 発表〜 1966 年 IBM1401 最終機種発表	1965 IBM システム 360 発表〜 1979 年 IBM システム 360 最終機種発表	1970 年 IBMS/370 発表〜 1979 年 IBM303X	1979 IBM システム E シリーズ〜現在
論理素子	真空管	トランジスタ	集積回路（IC）	大規模集積回路（LSI）ジョセフソン素子(HEMT)	超大規模集積回路（VLSI）
主記憶素子	磁気ドラム（初期）磁気コア（後期）	磁気コア	磁気コア（前半）IC メモリ（後半）	LSI IC メモリ	超 LSI メモリ
入出力装置	カード 磁気テープ	カード 磁気テープ	多様化	多様化	多様化
補助記憶装置	磁気テープ	磁気テープ	磁気テープ	磁気テープ	磁気テープ 光ディスク
演算速度	$200\,\mu$s	20 ns	2 ns		20 ps
プログラム言語	機械語, FORTRAN, アセンブリ言語	COBOL, FORTRAN, ALGOL		統合化されたプログラミングシステムの充実	Ada の出現, 統合したプログラム開発環境提供
処理方法	バッチ処理	オペレーティングシステムが開発されマルチプログラミングが可能	タイムシェアリングシステム, オンラインリアルタイムシステムの完備	バッチ処理, タイムシェアリング処理, オンライン	分散処理への移行, 高信頼度システムへの移行, リアルタイム処理を統合したシステム

ました．この 4 ビットマイクロプロセッサに続き 1973 年には 8 ビット，1978 年には 16 ビットの開発が進みました．1975 年に 8 ビットの開発を機に CPU だけでなくメモリにも LSI を使用し，それまでのコンピュータ装置のほとんど全部の機能を 1 板の基板上に載せたアルテア 8800 というキットのベーシックインタプリタを当時ハーバード大学の学生であった**ビル・ゲイツ**（B. Gates：1955 〜）が作り，マイクロコンピュータ（micro computer）と呼ばれるようになりました．そして，今日の巨大企業 Microsoft 社の発端となりました．

　また，1976 年には，Apple Computer 社が**スティーブン・ジョブズ**（S. Jobs：

1955 ～ 2011）の両親の車庫から出発したことはよく知られています．マイコンの発売とともに基本セットが大学卒の初任給 1 か月分という安さで購入できたこともあり，マイコンブームを巻き起こしました．その後，マイコンは改良され，本体とキーボード，ディスプレイ，補助記録装置のついた形になり，個人レベルで使用するという意味のパーソナルコンピュータ（personal computer：パソコン）と呼ばれるようになりました．そして，1976 年に**クレイ**（S. Cray：1925 ～ 1996）がスーパーコンピュータ **CRAY-I** を発表しています．また，同じ年に Microsoft 社がパソコンの OS である **MS-DOS** を発表し，パソコンの普及に拍車がかかりました．1983 年には AT&T 社から「UNIX SYSTEM/V」が発表され，ワークステーション時代の幕開けとなりました．また，コンピュータの小型化（ダウンサイジング）も始まり，今日では，スーパーコンピュータからワークステーション，パソコンまで多種・多様なコンピュータが市場にあふれています．

　1970 年代の真空管式では部屋いっぱい（100 m²）の大きさのコンピュータで行っていた計算を，机上のパソコンが 10 数分で行うまでに高速化されています．まさにコンピュータをいかに人間が使いやすくできるかというマン・マシンインターフェイスの時代を迎えました．このようにして生まれてきたコンピュータは，初めは情報を処理する電子機器として，企業や大学などの特別な仕事部門や研究機関のみで使われていましたが，いまでは一般の家庭にも使用されるようになり，超小型のマイコンは普通の炊飯器やカメラ，テレビなどに内蔵され幅広く用いられています．また 80 年代の中ごろからパソコンはゲーム用として使われ，ゲーム用として必要な機能だけを備えた**ファミコン**（ファミリーコンピュータ，family computer）が普及し，子どもたちはコンピュータの中身は知らなくてもこのゲーム機を自由に使いこなして夢中になっています．

　このように一連の半導体の開発とコンピュータの小型化・軽量化・演算処理の高速化，さらに大容量化がわずか半世紀の間に行われてきたのです．1969 年に始まった ARPANET は「インターネット」として成功し，コンピュータの機種に関係なくネットワークにつながり，情報のやりとりができるという開放性により 1986 年にはハイパーテキスト形式の **WWW**（World Wide Web）の爆発的普及をもたらしています．21 世紀に入り，高速ネットワークにより大部分の仕事は自分のマシンで行い，必要なデータとプログラムを互いに交換しあって複合的な仕事を実行する高度な分散処理形態が実現されています．人々のコミュニケーションの手段としてコンピュータを介した電子メールが普及し，必要な情報のホーム

ページからの検索も盛んになってきました.

c.　コンピュータの日本での発展

　図 1.9 に国産コンピュータの発展を示しますが, 日本では米国に遅れること約
10 年でコンピュータが完成しています. 1956 年に岡崎文次 (富士写真フィルム)
はレンズ設計計算用に日本最初の真空管式コンピュータ FUJIC をほとんど独力で
開発しました. 入力は IBM カードを用いており, 出力は外国製電動タイプライター
とリレー, 電磁石等を使って作製しました. リレー式ではすでにコンピュータ (電
気) メーカが商用機を完成させていましたが, コンピュータメーカではない会社
が自家用に開発完成させたのはとても興味深いことです. 光学レンズの設計には
光線を 1,000 本から 2,000 本も追跡する必要があり, このマシンもレンズの設計
という単一の目的を達成するための専用機でした.

　これまで述べて来たように米国では弾道計算などの軍需用, 日本ではともかく
民需用, というのは時代と環境とを象徴していますが, ともに専用機でした. カ
メラやフィルムの業界ではレンズ設計に精密で膨大な計算が要求されますので,
このコンピュータは完成後は社内のレンズ設計計算や外部の計算依頼にも対応
し, 多数の学術論文が発表されました. その後, 日本のカメラは全世界を席巻す
ることになり, 今日まで継承されていますが, まさしくその夜明けの時期でした.

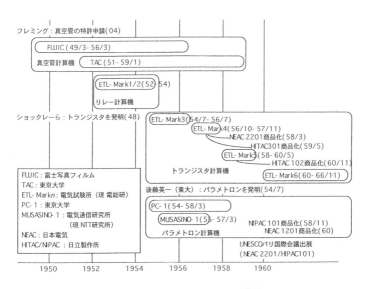

図 1.9　日本の黎明期の国産計算機

一方，日本の汎用機の第1号を何にすべきかは議論が分かれています．リレー式を除外するなら，第1号は通産省電子技術総合研究所の ETL MARK III（試作機1956年）と ETL MARK IV（実用機1957年）とされています．いずれもトランジスタ方式で，まだ "商用機" と呼べるものではありませんでしたが，日本の汎用1号機が真空管式と競い合いながらトランジスタ方式から始まったことは興味深いことです．真空管式の汎用1号機は TAC(Todai Automatic Computer. 東大・東芝　実用機1958年)とされています．TAC は主要部品として3極真空管約7,000本，ゲルマニウムダイオード約3,000本を用いて EDSAC を手本として作製されたものですが，除算用演算制御回路，浮動小数点演算制御回路の組み込み，計算過程での工夫などが加わっています．また，リレー式を含めるならば，ETL MARK I（試作機1952年，2進数利用），ETL MARK II（実用機1955年，リレー総個数：22,253個），富士通の FACOM-100（実用機1954年）と FACOM-128 A（実用機1956年）などがこの時代に次々と開発されています．このうち ETL MARK II は当時，世界最大規模の最高速度（演算速度　乗算：0.14 ～ 1.1 秒）のリレー式コンピュータで完成後10年間連続使用され，台風の進路計算，政府の予算編成などにも使われました．

　1954年，東京大学理学部の大学院生だった後藤英一は LC 回路の 1/2 周波発振の位相に記憶作用があること，励振の断続によって増幅作用と多数決に基づく論理演算ができることに気づきパラメトロン素子を発明しました．この素子の最大の特徴は真空管より安定していることで，構造も単純であり，製造コストも低く，小さいもので，独創性の高い日本独自のコンピュータ素子でした．この素子の開発により1955年以降日本ではトランジスタとパラメトロン方式が並列して作製される模索の時代となりました．パラメトロン素子は結局トランジスタに敗北しましたが，日本のコンピュータの創世期において，次世代のコンピュータ技術者，研究者の育成の原動力を果たしたきわめて価値のある素子といえます．

　このように日本のコンピュータは1950年代の後半には試作段階に入り，1955年4月には通産省はコンピュータの産業育成案としてメーカ各社が装置開発を分担する計画をスタートさせました．またこのころ IBM をはじめ外国機種の導入が進み，1955年には27台の輸入品システムが使用されました．その先鞭を切ったのは東京証券取引所で，証券会社と銀行界が追随しました．東証では，当初は国産の電磁継電計算機（リレー式）を採用する予定でしたが，技術的な問題もあり，輸入の真空管式コンピュータを正式採用しました．1964年に国鉄が "みどりの窓

口"，日本航空が国内線座席予約などのオンラインシステムを導入しました．これに対抗し国内で商用目的の電子計算機の生産が始まり，周辺技術や生産上の問題を解決するために IBM 以外の米国企業との技術提携により計算機の小型機種の開発を手掛けました．一方，1960 年 IBM は世界のベストセラーになったトランジスタ式計算機 IBM 7000 シリーズを発表しました．このため国の補助金を伴う「電子計算機技術研究組合」が通産省により提案され，1965 年には IBM-360 シリーズに対抗して，日立は HITAC-8000 シリーズ，日本電気は NEAC-2200 シリーズ，富士通は FACOM-230 シリーズをそれぞれ発表しました．これらは通産省の保護を受けて，国内では IBM と互角に戦い，IBM による世界的な独占をさまたげる結果となりました．1970 年代には国産計算機の発展とともに広義の情報技術への発展期として位置づけられ，米国では今日の IT 化を支える情報基盤技術の多くが萌芽していますが，日本発のものはほとんどありませんでした．一方，日本最初のパソコンは日立から 1978 年に発売された**ベーシックマスタ**で，1979 年の日本電気の PC 8001 がこれに続きました．1982 年に日本電気がその後続機として発売した PC 9801 はその後国内で圧倒的なシェアを占めました．しかし，続く 1980 年代は日米技術摩擦の 10 年間となり，これは 1982 年の IBM 産業スパイ事件に象徴されていますが，新しい情報社会の到来へ向けネットワークでつないだ分散システムへと時代が変化しコンピュータのダウンサイジングとともに 30 年間に及ぶ IBM 時代は終焉に向かいます．

　その後，日本の通産省はノイマン型に代わるまったく新しい方式のコンピュータを開発する計画として第 5 世代コンピュータのプロジェクト（1982 ~ 1991）を行いましたが，期待された技術（VLSI，人工知能型の推論マシン，非ノイマン型コンピュータなど）の完成はまだのようです．しかし，最近の製造業の空洞化や主要ソフトウェア製品の大部分が米国の企業のライセンスであることをみると，日本の技術の将来は楽観視できず，むしろインターネット時代の英語教育やコンピュータ教育の立ち遅れが心配されています．自由競争の原理に立ち，優れた見識と製品企画の下で国際競争力のあるハードウェア，ソフトウェア，サービスの開発の地道な努力が期待されています．

d.　コンピュータの種類

　コンピュータはその外観や処理能力の違いから "マイクロコンピュータ"，"パーソナルコンピュータ"，"ワークステーション"，"大型コンピュータ"，"スーパーコンピュータ" などに分類されます．

（1）　マイクロコンピュータ

マイクロコンピュータは家庭用家電，自動車，医療用機器などに組み込まれ，機械の制御などに使われて，マイコンまたは数センチメートル程度の大きさから，チップと呼ばれることもあります．

（2）　パーソナルコンピュータ（PC）

パーソナルコンピュータはモニタ，本体，キーボード，マウスなどで構成され，本来個人用に開発された小型のコンピュータで文書作成，計算，データベース，ネットワーク利用などにユーザが直接操作できるように作られた汎用的なコンピュータのことです．

パーソナルコンピュータの種類には，デスクトップ，ノートブック，タブレットPCなどがありますが，アーキテクチャ的にはほとんど同じものです．

1990年ごろまでのパーソナルコンピュータは，ハードウェアの性能的・機能的限界から，シングルユーザの素朴なオペレーティングシステム（CP/MやMS-DOS，初期のWindowsなど）をはじめとするシステムソフトウェアしか使用できず，ミニコンピュータやワークステーションとは絶対的な機能の差がありました．しかし，現在のパーソナルコンピュータの多くは，ミニコンピュータ用に設計されたシステムであるUNIXやVMSの成果を取り入れたOS（macOSやWindows NT系）を搭載し，有線または無線のLANに標準で接続できるなど，ワークステーションとの境界は明確ではなくなっています．なお日本では，1980年代までは日本語表示のために各社独自仕様のパーソナルコンピュータが主流でしたが，1990年代に世界と同様のIBM PC互換機に移行しています．開発の歴史は文献に示します．

（3）　ワークステーション

次元の設計（CAD）やコンピュータグラフィクス（CG），科学技術計算（CAE）などに用いられています．構成はPCとほぼ同じですが，CPU（中央処理装置）を複数搭載したり，高速なグラフィックボードを搭載し，高速な処理が可能なPCをワークステーションと呼んでいます．ただし現在では，PCの高性能化が進み，差別化が難しくなっています．

（4）　メインフレーム（汎用コンピュータ，大型コンピュータ）

科学技術計算や，例えば銀行のオンライン・システムなどの大量のデータを扱う用途にも使用可能な大型コンピュータです．PCを1としたときの数千倍の処理能力をもっています．

（5）　スーパーコンピュータ

　並列計算処理などを活用し，膨大なデータを超高速演算できる大型コンピュータで，略称スパコンと呼んでいます．一般的には家庭用のコンピュータの少なくとも 1000 倍以上の演算速度があるものを呼んでいます．

　日本のスーパーコンピュータは**京**（けい，英：K computer）との愛称で呼ばれており，理化学研究所計算科学研究機構（神戸市）に設置されていました．2019 年 8 月にその運用を停止し，後継機と入れ替えることになりました．まず，"京"についてですが，文部科学省の次世代スーパーコンピュータ計画の一環として，理化学研究所と富士通研究所により共同開発されました．"京"という名は，浮動小数点数演算を 1 秒あたり 1 京回行う処理能力（10 ペタフロップス）に由来しています．総開発費 1,120 億円を投じ，2012 年 6 月に完成，同年 9 月に共用開始をしています．京は政府系の研究機関，大学，民間企業などにより，つぎの重点 5 分野で利用されていました．①生命科学・医療および創薬基盤，②新物質・エネルギー創成，③防災・減災に資する地球変動予測，④次世代ものづくり，⑤物質と宇宙の起源と構造．また，スパコンのノーベル賞といわれる"ゴードン・ベル賞"を，2011 年と 2012 年に 2 回受賞しているように世界で高い評価を受けています．

　後継機としては，**富岳**（富士山の異名）と名づけられ"京"の 100 倍の計算速度の性能をもつスーパーコンピュータが，2022 年ごろからの運用を目指して開発されています．

e.　これからのコンピュータ

（1）　量子コンピュータ

　量子コンピュータは，量子力学を基本原理としています．量子力学は，原子や電子など，ものすごくミクロな世界での物理的現象を扱う学問です．ミクロの世界では原子や電子などの物体は同時に複数の"状態"をもっていて，同時に複数の状態が重なり合って存在していることになります．この量子力学の基本原則をコンピュータに応用したものが"量子コンピュータ"です．

　現在のコンピュータは，1 ビットを基本単位として "0" か "1" かのいずれかの値をもち計算します．これに対して，量子コンピュータでは**量子ビット**（キュービット）を基本単位とし，1 キュービットあたり 0 と 1 の値を任意の割合で重ね合わせて保持するので，同時に 0 と 1 の状態をもつのが特徴です．10 量子ビットあれば，2 の 10 乗の 1024 通りの計算を"同時に"処理することができます．このように量子コンピュータでは，現在のコンピュータに比べて常識を超えた高速な計

算処理が実現可能になります．したがって，量子コンピュータが実用化されれば，AI（人工知能）の技術が飛躍的に向上すると考えられています．これは AI を開発する上で使われる"機械学習"や"ディープラーニング"における計算処理を大幅に高速化できる可能性があるからです．自分の意思で考え，笑い，怒り，泣く，"鉄腕アトム"が登場するのもそれほど遠い未来ではないかもしれません．

(2)　光コンピュータ

これまでのコンピュータはトランジスタ，VLSI 等の電子デバイスにより構成され，情報処理の媒体は電子です．情報処理の媒体を光子に置き換えることにより，光の超高速伝搬性と空間的並列性をもつ情報処理システムを光コンピューティングと呼んでいます．光コンピューティングの特徴を具体的に列挙すれば①信号伝達スピードがきわめて速い（光速度），②空間的な並列信号伝達が可能で並列演算が容易に実現できる，③信号間の干渉が少なく，周波数帯がきわめて広い，④信号の多重化（周波数，偏光など）が可能など，電子式コンピュータには見られない優れた点が多くあります．これらの特徴を生かしたシステムを実現し，電子式の現状のコンピュータの性能を向上させるために，システムの方式の大規模並列演算法，光インターコネクションおよびシステムを構成する光素子の並列デバイス，超高速スイッチングデバイスなど開発をはじめ，さまざまな側面からの研究が各国で盛んに行われています．現状で試作機が作られ，商品レベルに達してい特殊用途の光情報処理装置などごく限られますが，今後の進展は期待されています．

(3)　DNA コンピューティング

DNA コンピュータは，デオキシリボ核酸コンピュータ（deoxyribonucleic acid computer）との略称で，1994 年に，アメリカ南カリフォルニア大学（USC）のレオナルド・エイドルマンによって提唱されました．不思議な二重らせんの構造をしている DNA は，遺伝子の本体で二本の鎖は，DNA を構成する四つの塩基（アデニン（A），グアニン（G），シトシン（C），チミン（T））から構成されています．そして，A と T，C と G との組合せにしか結合しないという特性をもっています．

DNA コンピュータは，この「鍵」と「錠」のような塩基配列を使って計算を行い，従来のコンピュータが半導体の 0 と 1 の電子信号で計算しているのに対し，DNA コンピュータでは，塩基配列の断片となっています．塩基配列に置き換えられたデータを入れると，特定の塩基と結合することで計算処理が行われて，答えが求まるようになっています．DNA の化学反応は，順番ではなく全体として

同時にしかも一気に進むため，超並列処理が可能となります．その結果，膨大な
データを超高速で処理することができ，電子コンピュータで数年かかっていた膨
大な組合せ問題などが数カ月で求められるのです．また，電子コンピュータの
CPU やメモリにあたる人工 DNA は簡単に設計や合成ができるため，低コストと
いう大きなメリットもあるので，今後の進展が待たれています．

1.3　社会の中のコンピュータ

　一般社会の中で，現在もっとも大きな存在となっているコンピュータは，これ
までの節でも PC などとやや対立的イメージで説明されてきたスマートフォンで
はないでしょうか．スマートフォンでアクセスするインターネットの先にあるコ
ンピュータをとっさに思い浮かべた方も多いかも知れませんが，実はスマートフォ
ンそのものが極限まで圧縮搭載されたコンピュータそのものなのです．ただ，い
わゆるパソコンとは異なり，電話機能，位置（GPS など）センサ，加速度センサ
などの周辺機器などがあらかじめ搭載されているために，電話の送受，地図アプ
リの利用，日々の運動量の把握ができます．さらに必要に応じたアプリをインス
トールすれば，文書作成などのパソコンにできることもできます．
　つぎに身近にあるコンピュータは，意識に上ることの少ない炊飯器，洗濯機，
エアコンなどの家電製品に搭載あるいは車載のマイクロプロセッサと呼ばれるも
のです．これは炊飯器でいえば，米の量や種類から適切な加熱コントロールを行
うといった作業をしています．
　さらにオフィスなどで，パソコンを使って文書や計算書などを作成した人もい
るかも知れません．
　また前述のように，インターネットの先にも無数のコンピュータが設置されて
います．特に WEB サーバや写真などを蓄えるファイルサーバは知っているかも
知れません．また，WEB の裏にはしばしば膨大なデータを扱うデータベースサー
バがあります．
　こうした無数のコンピュータのもつ社会的影響についてはすでに皆さん十分肌
で感じているかと思いますが，漠然と期待と不安をもって接するのが，近年よく
目に触れる「人工知能」という言葉ではないかと思います．そこで，本節では人
工知能に特化して説明したいと思います．

1.3.1　AI　と　は

　近年，AI（artificial intelligence），「人工知能」という言葉を聞くことが多くなったのではないでしょうか．この用語に関係のある用語を探してみると，ニューラルネットワーク，記号処理，エキスパートシステム，知識表現，ニューロファジィ，データマイニング，ビッグデータなど，多種多様です．AIとは，実は人間の行う知的動作と可能な限り近い結果をコンピュータに出させようという努力です．チューリングテストといって，簡単にいえば，外部から人間であるか機械であるかが見破られなければ，それは知能といえるという判断方法であり，それがAIの命題でもあります．例えば，1964年に発表されたELIZAと呼ばれるシステムは，ユーザが文章を入れると，その内容を理解しないで，よく会話で使われれる適当な文章を返すシステムですが，こんな程度でも，ユーザには計算機が知能をもっているように感じられるという不思議なシステムです．

　AI（人工知能）という用語は，1955年にジョン・マッカーシー（J. McCarthy）が使い出したものであり，それまで電子計算機といえば四則計算を中核とした数値計算が主な用途であったものを，人間の機能を代行させるような作業も可能ではないかという模索です．人間の行う知的動作には，大きく分類しても，知覚，記憶，学習，思考，判断などの沢山の動作があり，さらに，AIの概念にはどんな手法を使ってもよいことになっているので，それこそ無限の選択肢が存在するのです．

　しかし，そうはいってもいままで使われてきた手法はある程度分類することができます．まず，人間とはまったく異なる手法で知能的な出力を出すもので，AIといえばほぼこの手法とみなしてもよいでしょう．これを**狭義のAI**と呼んでおくことにしましょう．

　これと対極的なのが，実際の脳における処理を手本として，それに近い行いをしようというニューラルネットワーク（神経回路網）と呼ばれる分野です．この手法は脳のネットワークの動作を数値計算によって求めるものです．実は，狭義のAIでは対応が難しいと思われていたのが，パターン認識です．人間は手書き文字や顔といった視覚情報から，簡単にこれを何と読むのか，誰なのかを判断できます．こうしたパターン認識は，一般のコンピュータにとっては非常に難しい課題ですが，以下に示すように，ニューラルネットワークにはその可能性が大いにあります．ということで，ニューラルネットワークの分野に大きな伸展があると，

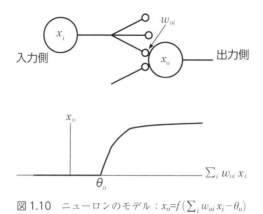

図 1.10　ニューロンのモデル：$x_o = f\left(\sum_i w_{oi} x_i - \theta_o\right)$

狭義の AI が大きく刺激を受けるという歴史が繰り返されたきたように見受けられます.

1.3.2　ニューラルネットワークの基礎

　そこで，まずニューラルネットワークの基本について説明しましょう．ニューラルネットワークとは，人間の脳を構成している神経細胞の構造と動作を手本として，その動作を比較的忠実に再現しようというものです．脳は知覚の信号を伝える感覚神経などからの入力を得て，筋肉などを動かす運動神経などへ出力を出す情報処理装置です．これらの信号は**ニューロン**（神経細胞）を介して処理されますが，いずれのニューロンも図 1.10 に示すように，入力系も含む複数のニューロンからの入力を得，それを処理して，神経繊維を経由して，出力系を含む複数のニューロンへの出力を出しています．ニューロンとニューロンの結合部は**シナプス**と呼ばれ，入力側のニューロンの末端からその興奮量に応じた化学物質が放出され，それらの影響により，出力側のニューロンの興奮量が決定されます．各シナプスの前のニューロンの興奮量により放出される化学物質の量は，原則，比例的ですが，ゆっくりと変化します．また，後のニューロンへの影響も興奮的なものもあれば抑制的なものもあります．後のニューロンの興奮は複数の前のニューロンからの影響を受けて決定されますが，概ね，比例的ではあるものの，それでも無限に強い興奮はなく，飽和現象が見られるし，また，負の興奮というものもありません.

　そこで，入力側の第 i 番目のニューロンの興奮を x_i とする場合，出力側の興奮は，

およそ次式で与えられます.

$$x_o = f\left(\sum_i w_{oi}\, x_i - \theta_o\right) \tag{1}$$

ここで w_{oi} は結合度と呼ばれますが, 実態は i 番目の入力側ニューロンが化学物質を介して o 番目の出力側ニューロンに及ぼす影響であり, 前述のようにほぼ一定（正も負もあり得る）ですが, 長時間ではゆっくり変化し得る定数です. また関数 $f(\ \ )$ はほぼ原点は通過しますが, 非常に大きな入力では一定値に飽和し, 一方, 負側では 0 となる関数です. θ_o は出力ニューロンの閾値と呼ばれるもので, 入力がある程度ないと興奮しないという生理学的事実に対応させるためのものです. 閾値は, 多くの場合正ですが, 入力がなくても自然興奮しているようなニューロンの場合には閾値は負です. このニューロンモデルを**マッカロ・ピッツモデル**といいます. このようにニューロンの動作は比較的簡単なものであると理解してほぼ差し支えありません.

　しかし, 結合度 w_{oi} や閾値 θ_o のゆったりとした変動の要因は, 実験的にはまだ十分わかっていません. おそらく, これらの長期的変化は, 脳の過去の経験に依存すると予想されますが, その意味で, これらの変化をどのように仮定するかが研究のターゲットであり, まとめて**学習理論**と呼ばれます. こうした説明からわかるように, ニューラルネットワークによる人工知能の実現は, 基本的にはアナログ的なニューロンの動作を, 計算機によって数値計算することにより行われるのです.

　脳は刻々と変化する複数の入力に対し, 複数の出力を出すシステムです. その出力がおよそ最適に近いため, 生物は永らえているともいえるでしょう. 手書の文字パターンを見て, それに対応する概念を出力するような部分があるから, 人間は文字を読んで正しい反応ができるのです. 例えば, 各種の手書の数字「2」を見ると,「2」という概念に対応するニューロンが興奮するようなことが起きているに違いありません. こうした入力パターンに対応する概念を出力できるような機能を**パターン認識**と呼びます. これから示すようにニューラルネットワークは完璧とはいえないまでも, こうした機能を果すことができるため, 期待されてきたのです.

　さて, 結合度が非常に大きい場合には, 出力ニューロンは飽和出力か 0 のいずれかを出力するようになるため, デジタル的な扱いが可能となります. このモデ

ルはニューラルネットワークのおよその働きを理解する上できわめて重要です.
$f(\ )$ が簡単な 0 を境とするステップ関数であるとすると,例えば,二入力で結
合度がともに 1 の場合には,$x_1 + x_2 - \theta_o = 0$ が出力の 0/1（0 または 1）を決定す
る境界となりますが,それは 2 次元平面内の直線となります.三入力ならば,3
次元空間内の平面が境界となります.これを線形分離と呼びます.入力も 0/1 で
あるとすると,2 入力の場合には,AND とか OR などの論理関数が対応します.
論理回路で,どんな論理も AND-OR 回路のような 2 段の論理回路で実現される
ことが知られているので,デジタル的なニューラルネットワークでも 2 段の回路
でどんな入出力関係をも実現できることがわかるでしょう.なお,ニューラルネッ
トワークでは入力層も層数に入れるため 2 段の回路は 3 層ニューラルネットワー
クといわれています.

1.3.3　第一次 AI ブーム

　第一次 AI ブームの起点となったのは 1958 年にローゼンブラットにより発表さ
れたパーセプトロンです.彼が最初に提案したのが,単純パーセプトロン（2 層
ニューラルネットワーク）に対する学習理論です.これは,入力層に種々のパター
ンを呈示し,それを二種類のカテゴリーに弁別するというもので,これとつぎに
発表した 3 層の学習理論と合せてパーセプトロンと名づけました.2 層については,
まず出力層のニューロンは 1 個とし,二つのカテゴリーに対し,0 と 1 を対応さ
せます.あるパターンを見せ,それがカテゴリー 1 にもかかわらず 0 を出力して
しまったときには,入力層で 1 を出していたニューロンと出力ニューロンの結合
を増強し,出力が 1 になるようにしていきます.逆にカテゴリー 0 のパターンを
呈示した際に 1 を出してしまったときには,入力層で 1 を出していたニューロン
と出力ニューロンの結合を弱め,出力が 0 になるようにしていきます.
　その後,ミンスキーらにより,単純パーセプトロン（2 層）では線形非分離な
パターン弁別ができないことが指摘され,3 層パーセプトロンが提案されました.
これは 2 層目の中間層のニューロン数を多くし,入力層と中間層との間をランダ
ムに結び,中間層と出力層の間は単純パーセプトロンで学習させるというもので
すが,完全学習をさせるためには,中間層のニューロン数がものすごく多くなる
ため,実用的ではありません.このため,第一次ニューラルネットワークブーム
は終焉を迎えました.
　この間,狭義の AI の分野で,記号処理あるいは文脈処理の分野が伸展しました.

例えば計算機による積分というと，数値計算により，面積を求めるようなイメージしか湧かないかも知れませんが，$\int x^2\,dx$ が与えられると，$x^3/3+C$ が得られるようにはできないだろうかといった技術が要求されるようになりました．これには，ある記号列が与えられたら，それを別の記号列に変換するようなルールをもった記号処理機能があればよいのですが，こうした記号処理に適したプログラム言語として 1958 年 LISP が開発されました．さらに三段論法に代表されるような論理推論に適した言語である Prolog なども LISP の延長として開発されました．この言語により，医療診断を支援するエキスパートシステムなどが作られました．

1.3.4　第二次 AI ブーム

第二次 AI ブームに火を点けたのが，一旦迎えた限界を破る学習則として，1986 年ラメルハート・ヒントンらにより提案された**バックプロパゲーション法**です（実は同じ方式が 1967 年に甘利俊一により提案されています）．これは，中間層をやたらに巨大にしなくても，また何層のニューラルネットワークでも対応できる学習理論です．ある入力を与えたときに，任意の結合を変化させたときの出力の変化（感度）を計算で求めておき，出力が期待値と異なる場合に，感度の高い結合を優先的に動かそうというものです．任意の結合 w_{oi} を動かしたときにどのくらい出力 x_o が変化するかは，式（1）を積上げた式からわかります．もともとニューロンの出力を決定する関数には飽和現象があることから，この感度は入力やそのときの結合度で決定される非線形関数ですが，感度は面倒な式ではあるものの微分法により容易に求めることができます．この学習法は，一見，完璧なように見えますが，複数の結合度が作る多次元空間で，$\sum$（出力－期待出力）^{2} なる評価関数は複雑な形状となり，多くの場合，複数の局所安定点が生じるため，評価関数は 0 となることなく，結合度は最終のゴールに至ることなく局所安定点で収束してしまうことがしばしば発生します．この局所安定点問題を解決する有効な手段が見当たらず，第二次ニューラルネットワークブームも終焉を迎えました．

この間，**ファジー論理**という概念が提案されました．一般に論理関数は入力がちょっとでも変化すると出力が大きく変化するという特徴を有しています．しかし，人間などでは入力が少し変化すれば出力も少ししか変化しないという近傍的な概念が成立しています．そこで，1973 年，0 と 1 の間の論理レベルを取り得るファジー論理が提案されました．この概念はニューラルネットワークのようなアナログ的動作を行う回路との整合性がよく，ニューロファジーという分野が創成

され，特に日本において多くの家電製品の制御に組み込まれ，現在もそれとは明示されてはいないが多用されています．

　さらに，データベースが伸展し，狭義の AI において多用されるようになりました．つまり，計算機の判断にエキスパートシステムのような論理的なものだけではなく，過去に経験した（あるいは先験情報として与えられる）多くのデータを利用するようになり，その結果，バックギャモン，チェス，オセロなどのゲームの分野での計算機プログラムの伸展が続き，人間のチャンピオンを打ち負かしています．こうしたプログラムでは，ルールベースの戦略と定石的なデータベースによる手法が巧みに組み合わされています．

1.3.5　第三次 AI ブーム

　第三次 AI ブームは，2006 年にジェフリー・ヒントンらにより提案された**ディープラーニング**と呼ばれるニューラルネットワークの新学習法により始まりました．これは 1980 年に人間などの視覚系を参考にして作られた福島邦彦の**ネオコグニトロン**と前述のバックプロパゲーション法を下敷きにしたものです．視覚系のニューロンで比較的入力寄りの層内のものは，網膜上の狭い領域の入力ニューロンとだけかかわっています．そして，ある角度の斜め線にだけ感度をもつとか，折線の角にだけ感度をもつなど，限られた機能を有しています．奥の中枢に近い層に行くほど，対応する網膜上の領域は拡がり，ついには全領域とかかわりをもつようなニューロンが増加していきます．しかも，特定なパターン，例えば「2」という手書文字，あるいは特定な「顔」にだけ反応するようなニューロンが出現してきます．そこで，多層のニューラルネットワークを考えたときに，2 層目のニューロンは入力層の位置的に近いニューロンとだけ結合をもつこととします．そして，最初はある程度ランダムな結合をもつが，2 層目の特定ニューロンとたまたま同期するような 1 層目のニューロンがあると，そことの結合を増し，相関の薄いニューロンとの結合は減らしていくといった学習則を採用します．すると2 層目には，最初のランダムな結合に近いパターンで頻出するパターンに対し感度の高いニューロンが生成されていくことになります．2 層目のすぐ隣のニューロンは恐らく異なるランダム結合からスタートするので，別の特長パターンに反応するようになるでしょう．こうして 2 層目には色々な特徴的な局所パターンに反応するニューロンが生成されていきます．

　3 層目のニューロンは 2 層目のより広い範囲のニューロンと結合をもたせます．

同様な相関学習を行うと，3層目にはより大局的な特徴に反応するニューロンが生成されていきます．以下同様に多層化することにより，網膜全体に対し頻出するいくつかのパターンに反応するニューロンを作り出すことができます．ただし，最終層のどのニューロンがどの特徴パターンに反応するようになるかを指定することはできません．さて，できたら，「2」を見せたら最終層ではこちらの期待するニューロンが発火するようになって欲しいので，前述のネオコグニトロンの回路をディープラーニング回路といいますが，その後にバックプロパゲーションの回路を接続します．バックプロパゲーションの回路の入力ではすでにかなりのパターン分類ができているので，改めて複雑なパターン認識能力を有することはなく，発火する位置をずらすだけのいわば交換機のような作業をすればよいだけなので，局所安定点問題は発生しづらく，速く収束します．ちなみに，現在はディープラーニングといえば，多くはディープラーニング＋バックプロパゲーションを指します．

　この結果，任意の入力パターンと任意の出力パターンを対応させるいわゆるパターン認識機械が完成したことになります．ディープラーニングによるパターン認識機能の取得能力は高く，これが第三次 AI ブームとなり，現在も続いています．

　先にゲームソフトの話をしましたが，囲碁は全面の石の配置から手を決めていくため，狭義の AI 手法が取りづらいゲームの代表です．しかし，高いパターン認識能力が備われば別です．例えば DeepMind 社により開発された AlphaGo という囲碁のソフトウェアが有名ですが，これは現在の盤面を入力とし，次の盤面を出力とするディープラーニング機械です．過去の棋譜をどんどん見せて学習させておけば，この機械は過去の棋譜通りの手を打つことができます．また，2台の AlphaGo マシンを互いに対戦させ，勝った方の棋譜を覚えさせるようなことをしていけば，機械だけで強くなっていくこともできます．AlphaGo は 2015 年以後，各国の囲碁チャンピオンに次々と勝利しました．

　狭義の AI の方にも大きな伸展がありました．2010 年，IBM が世界に散らばる巨大なデータベースを利用した質問応答システムであるワトソンを作り上げました．ちょうどこのころから**ビッグデータ**という用語が使われるようになり，まさに AI の判断にビッグデータが使われるようになりました．また，これと必要な部分にはディープラーニングを組み合せて使うことも多くなり，AI の能力は著しく高まりました．

　こうした大きな伸展を見て，機械が人間を越える**シンギュラリティ**（厳密な定

義は，コンピュータが親を超えるコンピュータを設計できるようになることですが，人間を超えると言い換えられることが多い）という時点が近く到来するという予測すらあり，人間の仕事が取られてしまうのではという議論すらなされています．しかし，著者個人は，コンピュータの発明当初にその計算能力のあまりの高さに対して同様な見方があったのと，同質な議論と感じています．確かに一部の仕事は取られるでしょうが，すべてではないというのが私の見解です．

　例えば，これまで述べてきたパターン認識とは，出力すべきパターンがわかっていて，正解が常に呈示されるものです．しかし，実際の生物の学習では，試しに出力してみて，それが誤っていると痛みなど何らかの不利益が他の入力に与えられるような場合が多く，いわば探索的に出力パターンを決定しています．さらに，実際の生物の脳内には出力側から入力側に向いたフィードバック的結合も非常に多く，これらの場合には上記のいずれのニューラルネットワークの学習法でも対応できません．こうした実際の生物のような学習方法，さらに生物における情動，記憶，意欲，意志などの多種の機能については今後も引き続き研究されていく必要があるでしょう．

参　考　文　献

1. 長尾真 他編：『岩波情報科学辞典』，岩波書店，1990.
2. ハーマン H. ゴールドスタイン 著，末包良太，米口 肇，犬伏茂之訳：『計算機の歴史 パスカルからノイマンまで』，共立出版，1979.
3. 末松安晴，伊賀健一：『光ファイバ通信入門　改訂5版』，オーム社，2017.
4. 岡本敏雄 他編：『情報教育辞典』，丸善，2007.
5. 寺部雅能，大関真之：『量子コンピュータが変える未来』，オーム社，2019.

情 報 の 表 現

　私たちは，日常生活の中で 0 から 9 までの数字を利用しています．一方，コンピュータの内部では，さまざまな種類の情報が扱われ，記憶されていますが，"0"と "1" の 2 種類の数字(2 進法)しか扱うことができません．具体的には，コンピュータを構成する電子回路は，情報を表現するために電気が通った状態を "1"，電気が通っていない状態を "0" として扱っています．この "0" と "1" で表現できる情報をビット（bit）と呼び，コンピュータで扱う最小単位としてこのビットを用いています．また，8bit を 1 つのまとまりとした 1byte という単位も用います．1byteは，$2^8 = 256$ 種類の符号を表すことができます．

　2 の 10 乗（$= 2^{10}$）がちょうど 1000 に近い 1024 なので，記憶容量などに 1024を 1K（キロ）とした単位が使われています．また，1M（メガ）$= 1024K = 2^{20} \fallingdotseq 10^6$，および 1G（ギガ）$= 1024M = 2^{30} \fallingdotseq 10^9$ と呼ばれる単位が使われます．

　本章では，アナログとデジタル，アナログ－デジタル変換，数の表現，画像の表現および画像処理，情報量の定義，および情報の伝送などの誤りを検出・訂正する方法などの概要について説明します．

2.1　アナログとデジタル

　情報には，アナログとデジタルの 2 つの種類があります．時計などの表示で昔からある針を使った連続量を示すものがアナログと呼ばれ，数字で表示されるものがデジタルと呼ばれることは，多くの人が知っています．また，コンピュータでは，数をはじめ文字や画像などすべての情報が "0" と "1" の 2 種類の記号を用いて表現されています．つまり，すべての情報が連続量であるアナログとしてではなく，有限個である離散的な値であるデジタルとして表現されています．

2.1.1　アナログ表現とデジタル表現

　アナログ（analog, analogue）とは，analogy（相似）に由来する用語です．一般に，ある情報を連続量として表すことを**アナログ表現**と呼びます．例えば，時計は時刻を，また自動車の速度計は速度をそれぞれ針の角度で表しています．この量は時間とともに連続的に変化し，この量をアナログ量と呼びます．

　これに対して，**デジタル**（digital）は，digit（指，数字）に由来する用語です．一般に，ある情報を一定の間隔の尺度により分割し，その値をある尺度の値に近似して離散的に表すことを**デジタル表現**と呼び，その表された値をデジタル量と呼びます．

　電気信号の場合，信号は一般に電圧がかかっているか 0V（ボルト）か，または電流が流れているか否かの2つの状態の組合せで表されます．状態の数は本来，2値とは限らず任意の有限の数があり得ますが，電子回路の構成上の都合から，ほとんどの場合，デジタル情報を表す電気信号は2値となっています．

　2つの状態は，2種類の記号，"0"と"1"で表されます．デジタル情報を伝達する電気信号は，この2種類の記号を電線の電圧，または電流の高低によって表すので，図2.1のように2つの値の間を不連続的に変化します．このような矩形の波形は，一般的に**パルス**（pulse）と呼ばれています．

　デジタル表現は，技術の発展により私たちの生活に浸透してきています．例えば，音声や写真，映像などの記録は，従来はLPレコードやオーディオテープ，フィルム，ビデオテープなどのアナログ表現をそのまま記録・保持する媒体を用いて行われてきました．しかし，これらは，CDやメモリカード，DVDなどのデジタル表現を記録・保持する媒体が一般に使われるようになっています．

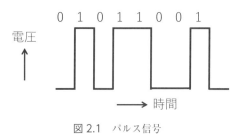

図 2.1　パルス信号

2.1.2　アナログ–デジタル変換

　デジタル信号により数や文章を符号化して表すことができますが，音声や映像などの本来アナログの情報はどのようにしたらデジタル情報として扱えるのでしょうか．音声の信号などの連続的に変化するアナログ信号を 0 と 1 の組合せのデジタル信号に変換することを**アナログ–デジタル（A–D）変換**，この逆を**デジタル–アナログ（D–A）変換**と呼びます．A–D 変換によってデジタル信号に変えられた音声の情報は，通信路を伝送後，または記録の読み出し後に D–A 変換によって再びアナログ信号に戻されます．

　A–D 変換は，標本化と量子化の 2 段階の操作によって行われます．

　標本化（sampling）とは，一定周期ごとにその時点の信号電圧の値を切り出し，その値を保持することをいいます．つまり，アナログ量をある時間間隔で抽出する作業です．この単位時間あたりに標本をとる頻度を**サンプリング周波数**と呼びます．**量子化**（quantization）は，値をある間隔ごとに表現することをいいます．A–D 変換では，信号の電圧の値を一定周期ごとに有限段階の値で近似しているので，この結果は図 2.2 のような階段状の信号になります．これでは元の波形とはだいぶ違っていますが，標本化の周波数と量子化における間隔によっては，元の波形に近づけることができます．

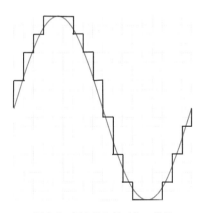

図 2.2　標本化と量子化の結果

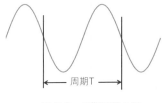

図 2.3　周期関数の例

　では，どのくらいの間隔で標本化をすればよいのでしょうか．図 2.3 のような周期 T の周期関数を考えます．このとき，この周期関数の振動数（周波数）ω は，周期の逆数の $\omega = 1/T$ と表されます．アナログ量は通常，周波数の異なる複数の周期関数の重ね合わせと考えられます．この周期関数のうち最大の周波数が w 未満であるとすると，間隔 $1/2w$ で標本化すれば，元のアナログ関数を完全に復元できるとされています．これは，数学者シャノン（C.E. Shannon，1916～2001）により導かれた定理で，**標本化定理**と呼びます．

　また，あるアナログ関数を標本化する時間間隔を t としたとき，この標本化周波数の半分で $1/2t$ を標本化間隔 t の**ナイキスト周波数**と呼び，復元できる周期関数の周波数の上限を示しています．

2.1.3　デジタル表現のメリット

　このようにアナログ情報をデジタル表現に変換するのは，なぜでしょうか．通信や記録のために A–D 変換を行う第一の理由は，デジタル信号は雑音に対して強いことです．長い通信回路を通して信号を送ると，信号にはかならず雑音が混じってしまいます．例えば，電流が導線を流れているだけで微弱な雑音が発生します．つまり，導体中で電流を運んでいる電子の移動にはランダムな変動があり，これが雑音となります．アナログ信号の場合，雑音が加わるとこれを取り去ることはきわめて困難になります．このため，雑音の影響を無視できるようにするには，雑音に比べて信号を十分に大きくしなければなりません．デジタル信号に場合は，2 つの状態のどちらであるかが判別できればよいので，多少の雑音が加わっても，この影響を受けません．また，2 つの状態を判別し，雑音を除いた波形に整形することも可能となります．

　デジタル化された情報の第二の利点は，コピーや記憶が容易であり，コピーや

記憶によって記憶によって情報の質が低下しないことです．アナログ方式の記録
では，元の波形と少しだけ異なる波形となることがあり，歪みを生じさせてしま
う場合があります．一方で，オリジナルとまったく同一のコピーができてしまう
ことは著作権保護などに新たな問題をもたらしています．

　第三の利点は，加工が容易という点です．デジタル化された情報は数値列に変
換することができるため，コンピュータを用いれば簡単に加工ができます．

　第四の利点は，デジタル情報の**圧縮技術**によって通信や記憶するデータの量を
少なくすることができることです．例えば，デジタルカメラの映像などは情報圧
縮の技術により，映像の質を損なわずにデータ量を減少させています．

　最後の，そしてもっとも重要な利点は，A–D 変換によってデジタル化された
音声や映像などの広範囲の情報をコンピュータで処理することが可能になること
です．さらに，通信とコンピュータを結合することにより，さまざまなメディア
を組み合わせて扱うことが可能になりました．これが**マルチメディア**です．マル
チメディアとは，まさに各種の情報をデジタル化することで実現される世界とい
えます．

2.2　数　の　表　現

　コンピュータは，第 1 章においても述べたように，そもそも主に数値計算のた
めに作られました．現在も数値はコンピュータの扱うもっとも重要なデータです．
コンピュータの内部ではすべてを 2 つの状態の組合せによって表すので，数を表
現するためにも 2 進法が便利であり，多くの情報の表現の基礎となっています．

2.2.1　位 取 り 記 法

　私たちは通常，数を 10 進法の位取り記法（positional notation）によって表
現しています．一般に，r 進法では 0 から $r-1$ までの r 種類の数字をある規則で
並べて，数を表現します．このとき，r を r 進法の**基数**（radix, base）と呼びます．

　位取り記法は，単に数字を並べるだけで任意の数を表す方法です．例えば，10
進数 42.195 は，次のように表現できます．
$$4 \times 10 + 2 \times 10^0 + 1 \times 10^{-1} + 9 \times 10^{-2} + 5 \times 10^{-3}$$
同様に，一般に r 進法の数字の列である $a_n a_{n-1} \cdots a_1 a_0 . a_{-1}\ a_{-2} \cdots a_{-m}$ は，つぎ
の数を表します．

$$a_n r^n + a_{n-1} r^{n-1} + \cdots + a_1 r + a_0 + a_{-1} r^{-1} + a_{-2} r^{-2} + \cdots + a_{-m} r^{-m}$$

また，このような式は，以下のように総和の式として表すこともできます．

$$\sum_{j=-m}^{n} a_j r^j$$

基数は 2 より大きければ，どのように選んでも位取り表記法で任意の数を表現することができます．また，一般的に r 進数は r を基数とした r 進法で表された数で，隣り合う上位の桁は下位の桁の r 倍の数となります．逆に，下位の桁は上位の桁の $1/r$ 倍となります．

2　進　法

2 進法では，2 を基数として 0 と 1 の 2 値だけで表現します．例えば，2 進法の 1011010 は，10 進法では 90 を表しています．先の位取り記法の式を用いれば，

$$2^6 + 2^4 + 2^3 + 2 = 64 + 16 + 8 + 2 = 90$$

と計算ができます．2 進法で数を表すと桁数が多くなるので，人間が読み書きする際に誤りやすいということがあります．そのため，一般的には後述する 8 進法や 16 進法といった 2 進法よりも表示桁数の少ない記法を利用する場合が多いです．

また，101101 と表記された場合，2 進法か 10 進法なのかを区別することができない場合があります．そこで，以下のように最下位の桁の右下に基数を示す "2" を添字として付加し，区別します．2 以外の基数の場合にも同様に添字で表現します．

$$101101_2, 101101_{(2)}, (101101)_2$$

コンピュータの世界では，2 進法の他に 8 進法や 16 進法もよく用いられます．これは，3 桁の 2 進法で表された数 000 ～ 111 が 1 桁の 8 進法で表された数に，また 4 桁の 2 進法で表された数 0000 ～ 1111 が 1 桁の 16 進法で表された数に相当するので，2 進法表記の数を 3 桁または 4 桁ずつに区切ることによってそれぞれ 8 進法と 16 進法での表記に容易に変換できるためです．

8　進　法

8 進法では，8 を基数として 0 から 7 までの数字を使います．例えば，2 進法の 1011012 は，8 進法では 558，10 進法では 45 を表しています．

8 進法表記では 1 桁で 8 通りの表現ができるため，情報量は 2 進法表記の 4 倍になります．つまり，2 進法表記で 3 桁の数を 8 進法表記で 1 桁の数で表すことができます．

表 2.1　2 進法，8 進法，10 進法，16 進法の対応表

10 進法	2 進法	8 進法	16 進法	10 進法	2 進法	8 進法	16 進法
0	0	0	0	10	1010	12	A
1	1	1	1	11	1011	13	B
2	10	2	2	12	1100	14	C
3	11	3	3	13	1101	15	D
4	100	4	4	14	1110	16	E
5	101	5	5	15	1111	17	F
6	110	6	6	16	10000	20	10
7	111	7	7	64	1000000	100	40
8	1000	10	8	128	10000000	200	80
9	1001	11	9	256	100000000	400	100

16　進　法

16 進法では，16 を基数として表現しますが，10 進法表記の数字だけでは足りなくなります．そのため，1 桁の数の表現には，0 ～ 9 までの数字に加え，英字の A，B，C，D，E，F をそれぞれ 10，11，12，13，14，15 に相当する 16 進法の数字として使い，16 通りの数を表します．例えば，2 進法で 1011012 は，16 進法では 2D16 を表しています．

16 進法は 1 桁で 16 通りの表現ができるため，情報量は 2 進法の 8 倍になります．つまり，2 進法表記で 4 桁の数を 16 進法表記で 1 桁で表すことができます．

16 進法では，大きな数を少ない桁数で扱うことができるため，コンピュータ内では，メモリアドレスやネットワークにおいては IPv6 アドレスの表記などに用いられています．表 2.1 は，4 種類の基数に対する数の表現の対応の一部を示したものです．

2.2.2　基 数 変 換

コンピュータの内部では，情報を "0" と "1" の並びで表しています．しかし，人間は普通 10 進法の数を使うため，コンピュータでその数値を扱うためには，10 進法から 2 進法に基数を変換する必要があります．つまり，基数変換とは，数表現の基数を異なる数に変換することです．

（1）　10 進法から 2 進法への変換

10 進法から 2 進法への変換を考えます．まず，10 進法表記の数を 2 で割って

余りを求めます. この余りが, 求める 2 進法の数の第 1 桁の値となります. つぎに, 余りを切り捨てた商に対して, この操作を繰り返すことで, 下の桁から 2 進法の数字が順に求められます.

　この方法でよい理由は, ある 10 進法の第 1 桁目の数字を求めるには, それが 10 で割った余りであること, その小数点以下の数字を切り捨てた商をさらに 10 で割った余りが次の桁の数字であることから簡単に理解できるでしょう. これは, 10 進法を他の進法に変換したいときに適用できます. 変換したいときは, 得たい進法の基数で割り, その商と余りを求めることを繰り返せば進法を変換できることがわかります.

（2）　10 進小数から 2 進小数への変換

　10 進法の小数点以下の部分を 2 進法にするにはどうしたらよいでしょうか. これには, ある 10 進法の小数第 1 桁がこの数を 10 倍すれば 1 の位の数字として求められることを使います. つまり, 2 進小数についても同様で, 今度はある 1 より小さな数を 2 倍にします. 小数点の右の数が, 小数点以下第 1 桁の 2 進法表記となります. つぎに, 小数点より右の数を 0 として, 2 倍することを繰り返せば 2 進法の小数第 2 桁以降も順に求めることができます.

　例のように, 10 進法の 0.3 を 2 進法に変換すると 1001 が繰り返される循環小数 $0.0\dot{1}00\dot{1}$ になります. コンピュータの内部では, 一般に数値を一定の長さで表

$$0.3 \times 2 = 0.6$$
$$0.6 \times 2 = 1.2$$
$$0.2 \times 2 = 0.4$$
$$0.4 \times 2 = 0.8$$
$$0.8 \times 2 = 1.6$$
$$0.6 \times 2 = 1.2$$
$$0.2 \times 2 = 0.4$$
$$0.4 \times 2 = 0.8$$

0.3の 2 進法表現
$0.0100110011001\cdots_2$

します．したがって，10進法では一定の有効数字の数が2進法では無限に続く小数になると，これをある桁で切り捨ててしまうことになり，これが誤差の原因となります．

2.2.3 整 数 の 表 現

整数の表現には，正数のみを表現する**符号なし整数**，正負の両方を表現する**符号付き整数**の2種類があります．さらに，符号付き整数には，負数を絶対値と符号で表現する方法と補数を用いる方法があります．本項では，それぞれの表現について考えていきます．

a. 符号なし整数

正数のみを扱う場合の表現方法で，数値をn桁の2進数に変換して表現します．このとき，表現できる正数の範囲は，0から2^n-1までとなります．

コンピュータの内部では，多くの場合，数を8bitや16bitといった一定の長さで表します．例えば，8bitで数を表現する際には，0から255（$=2^8-1$）の範囲となります．

b. 符号付き絶対値表現

一般に，数は正負の符号をもつため，正の数のほかに負の数も表す必要があります．正負の数を表すもっとも簡単な方法は，一定の長さの2進数の前に符号用の1ビットを追加する方法です．通常，数値をn桁の2進数で表現するとき，先頭の桁（最上位ビット：MSB[†]）は正負の符号を表すために使い，残りの$n-1$桁で数値の絶対値を表現します．このとき，符号を表す桁を符号ビットと呼び，この符号ビットが0のときは正数を，1のときは負数を表します．$n-1$で数値を表すため，正負それぞれに2^{n-1}個の数値の表現ができます．つまり，正数は0から$2^{n-1}-1$の範囲を，負数は$-(2^{n-1}-1)$から0までの範囲を表現できます．例えば，8bitで数を表現する際には，-127から$+127$の範囲となります．この方法の欠点の一つは，2つのゼロができてしまうことです．

c. 補数を用いた負数表現

b.の方法よりも優れた負数の表現方法として，**補数**（complement）を用いる方法があります．補数の説明の前に，そもそも負数とはどういう数かを考えてみましょう．

[†] MSB: Most Signification Bit

（1）　補　数

例えば，-5は「0から5を減算した数」といえます．つまり，「5を加算すると0になる数」と言い換えることもできます．これを4bitの2進法で表すと，0101_2と加算して0000_2になる数が-5の2進数表現といえます．このように，足して0になる数のことを補数といいます．補数を用いると，［正数－正数］の減算を［正数＋負数（補数）］の加算に置き換えることができます．減算よりも加算の方が計算しやすいため，コンピュータの内部では，このような補数を用いて負数を表現しています．

（2）　補 数 の 考 え 方

補数には2種類の考え方があります．表される数の最大桁（ビット）数がnであると決めた場合，基数rのn桁以下の数Nに対して，r^n-Nをrの補数，r^n-1-Nを$r-1$の補数と呼びます．

2進数ならば，2の補数と1の補数となります．2の補数は，元の数と加算すると桁上りが生じ，元の数のビット部分はすべて0となるような数といえます．1の補数は，元の数と加算するとすべてのビットが1となるような数といえ，元の数をビット反転（0を1に，1を0に）した数です．同様に，10進数であれば，10の補数と9の補数になります．したがって，10の補数は，元の数と加算すると桁上りが生じ，元の数のビット部分がすべて0となる数といえます．9の補数は，元の数と加算するとすべてのビットが9となるような数といえます．

（3）　補数による表現範囲

つぎに，補数で表現できる範囲について，$n=8$を例に考えましょう．

$2^8-1=11111111$となるので，数0の1の補数は-1を意味する11111111となります．これに1を加えて求められる2の補数は00000000（繰上りを無視して）となります．-1を表す数1（00000001）の1の補数は11111110，2の補数は11111111となります．全体の長さをnビットとして，$2^{n-1}-1$までの数を表すことにすれば，負数の場合は符号付き絶対値表現と同様に最上位ビットの数が1となり，正と負の数を表せます．次の**表2.2**は，$n=8$の場合の整数の表現法をまとめたものです．

表2.2　8bit の負数表現

10進法の数値		符号付き絶対値表現	1の補数	2の補数
+127		01111111	01111111	01111111
+126		01111110	01111110	01111110
⋮		⋮	⋮	⋮
+2		00000010	00000010	00000010
+1		00000001	00000001	00000001
0	+0	00000000	00000000	00000000
	−0	10000000	11111111	
−1		10000001	11111110	11111111
−2		10000010	11111101	11111110
⋮		⋮	⋮	⋮
−126		11111110	10000001	10000010
−127		11111111	10000000	10000001
−128		−	−	10000000

　最大値はいずれも127ですが，2の補数の場合の最小値は−128となり，符号付き絶対値表現と1の補数と比べ，その絶対値が1だけ大きくなります．これは0の表現が1種類だけであるためです．

　2の補数表現が優れている理由は，ゼロに対する表現が1種類だけであるばかりではなく，負数の加減算も正の数の計算と区別せずに行えることです．つまり，$M+N$ の計算において，N が2の補数 $2^n-N'$ で表された負数のとき，つぎのように実際には減算が行われます．

$$M+N=M+2^n-N'=2^n+(M-N')$$

　$M-N'>0$ の場合，計算の結果として正の値 $M-N'$ が得られます．このとき，2^n は計算のあふれ（オーバーフロー）を意味しますが，単に無視ができます．$M-N'<0$ ならば，結果は2の補数表示の負の数となります．

　C言語では整数型のデータは，一般に負数を2の補数形式で表した32bitの2進数で表されており，int型と呼ばれています．また，16bitの表現を short int型と呼んでいます．

2.2.4　浮動小数点数表現

　科学技術の計算では，例えば，光の速さ（光速）のような非常に大きな数と，

電子の質量のような絶対値の小さな数を扱います．このような数は一般的に，以下のように表します．

光　　速：2.99792458×10^8 m/s

電子の質量：$9.1093897 \times 10^{-31}$ kg

この表現方法は，$\pm M \times r^E$ の形式ということができます．ここで，r は基数であり，M は仮数部，E は指数部と呼ばれています．この形式を用いる理由は，通常の位取り記法では 0 の数が多くなってしまい誤りやすいほか，有効数字を明示する必要があるためです．

コンピュータの内部でも，特に科学技術計算ではこの形式の表現法である**浮動小数点**（floating point）方式が用いられます．これに対して，小数点を一定の位置に置いた数の表現を固定小数点方式と呼びます．

浮動小数点数表現を用いる場合には，有効数字をできるだけ多くするために，正規化を行います．これは，表す数がゼロ以外のときには，仮数部 M はその左端に必ず有効数字（0 以外の数）があるという条件を満たすように指数が調整されます．例えば，10 進法 3.5 は，$0.111_2 \times 10^2$ と表現できますが，$0.0111_2 \times 10^3$ と表現しても間違いではありません．このように，実数は小数点の位置や指数の値によって，多くの表現方法が可能です．そこで，限られたビット列で数値を表現するため，仮数部 M の際のビットを 0 以外の数（2 進法では 1）にし，有効桁数を増やします．

浮動小数点の数表現形式は，コンピュータによって異なります．ここでは，標準化方式として一般に広く用いられている **IEEE 方式**を紹介します．IEEE754 は，浮動小数点数の形式定義，演算，形式の変換などの規定で，**単精度**（single precision），**倍精度**（double precision），**拡張単精度**（single extended），**拡張倍精度**（double extended）の 4 つの形式を定義しています．図 2.4 に，単精度の浮動小数点数形式を示します．単精度は，32bit で表現します．

図 2.4 において，符号部 S は，正のときは 0，負のときは 1 となります．指数部 E では，負の値を表現するためにイクセス表記を使用しています．**イクセス表**

図 2.4　単精度の浮動小数点数形式

記とは，本来 8 ビットで表現できる値は 0 ～ 255 であるのに対し，元の値に 127 を加算することにより，-127 ～ 128 までの表現を可能としています．したがって，表される浮動小数点数の絶対値の範囲は，2^{-127} ～ 2^{128} となります．仮数部 M は残りの 23bit で，絶対値表現で 1 以上 2 未満の値となるように正規化し，小数部のみを当てはめています．

例 2.2.1　10 進法の 28 を IEEE 形式の浮動小数点数で表記します．

仮数部を 2 進法にする：　　　　$28_2 = 11100_2$

仮数部を正規化する：　　　　　$11100_2 \rightarrow 1.1100_2 \times 2^4$

指数部をイクセス表記にする：$4 \rightarrow 4+127 = 131 \rightarrow 10000011_2$

上記から，以下のように表現できます．

S	E	M
0	10000011	1100 0000 0000 0000 0000 000

これ以上の精度をもたせるために，32bit の 2 倍の 64bit を使った倍精度もよく用いられています．この倍精度の場合は，指数部が 11bit，仮数部が 52bit となっており，指数部ではイクセス表記にするために 1023 を元の値に加算しています．C 言語では，浮動小数点（float）型と呼ばれ，数値の表現に用いられています．

2.3　文字の表現

2.3.1　文字データ

コンピュータの扱う情報の中で，文字データも基本的なものの 1 つです．文字データは，パソコンで文書を作るときに利用するワープロソフトで扱う主要なデータで，一般に一定長の 2 進符号によって表されます．符号の長さは，文字の集合（文字セット）の大きさ（文字の個数）によって決まります．ヨーロパ系の言語では，アルファベット（大文字，小文字）に数字と各種の記号を含めても文字の個数は 100 ～ 200 程度なので，通常は 1 文字を 7bit または 8bit で表します．7bit では $2^7 = 128$ 種類，8bit では $2^8 = 256$ 種類の文字を表すことができます．漢字を用いる日本，中国，韓国などの言語では，数千以上の文字があるため，2Byte（16bit）の符号を用います．これにより，$2^{16} = 65,536$ 種類の文字を表すことができます．

コンピュータは互いに通信回路で接続され，文字情報は Web サイトや電子メールなどを通して利用されています．あるパソコンのワープロソフトで作成した文

書のデータを他のパソコンでも読めないと不便です．そのため，文字符号に関して，もっとも重要なことは，すべてのデバイスにおいて，共通の符号体系を用いられるように標準化されていることです．この符号体系を文字コードと呼び，国際標準化が行われています．

　文字コード体系として，英数字を表すための ASCII コード，日本語を表すための漢字コード，あるゆる言語を 1 つの文字コードで表そうとする Unicode などがあります．

a.　ASCII コ ー ド

ASCII（American Standard Code for Information Interchange，アスキーと読む）コードは，ANSI（米国規格協会）で規格化されたコード体系です．英数字を表す文字コードであり，1Byte（8bit）で 1 文字を表現する 1 バイトコードです．基本は最上位ビットを除く 7bit で文字情報を表しているため，7 ビットコードと呼ばれることもあります．文字情報に使われない最上位ビットはエラー処理のためのビット（パリティビット）として使われることがあります．また，この最上位ビットを使って，2 倍の種類の文字を表すようにした標準規格 ISO8859 もあり，日本語のカタカナを表すものもあります．

b.　漢 字 コ ー ド

　漢字コードは，日本語を表すための文字コードです．日本語は，ひらがな，カタカナ，漢字など文字数も多く，1Byte ではすべての文字を表現できません．例えば，ひらがなとカタカナを合わせて 169 文字，常用漢字としては 2,100 字以上存在します．そのため，日本語を表すための漢字コードでは，1 文字あたり 2Byte を使い文字情報を表現します．この漢字コードには，JIS コードやシフト JIS，EUC などがあります．いずれも 1 文字を 2Byte で表すことは共通していますが，JIS と EUC が 1Byte 中の下位 7 ビットだけを使う符号であるのに対して，シフト JIS は 8 ビットの符号であることが異なります．また，どちらも 1 文字を 1Byte で表す標準の符号系と組み合わせて使用できますが，その切り替えの方式が異なっています．このように，異なる符号系が混在して使われているため，符号の変換を必要とするばかりではなく，いわゆる“文字化け”などのさまざまな混乱の原因になっています．

c.　Unicode

　世界には，さまざまな言語があり，それに伴い多くの文字セットが存在します．このことがプリンタやソフトウェアの互換性に大きな障害になってきました．こ

の問題を解決する方法として，世界中の主な言語の文字をすべて含めた文字セットの国際標準 UCS(Universal Multiple-Octet Coded Character Set)があります．Unicode とも呼ばれ，2Byte または 4Byte で表します．基本的には 2Byte で表しますが，世界中の文字を表すには 12 万文字は必要であるといわれており，似ている文字や同じルーツの文字を同じコードに割り振ることで対応しています．例えば，特に文字数の多い日本，中国，台湾，韓国で用いられている漢字の場合，この 4 種類の漢字セットを併合し，同一とみなされる漢字には同一の符号を割り当てています．

2.3.2　フ　ォ　ン　ト

　コンピュータで文字を表示するためには，文字コードに対応する文字の形状のデータが必要となります．この文字の形状のデータがフォントと呼ばれています．もともとは，「鋳造する」(found) の意味で，同一書体でいろいろな形状を揃えた活字群を指します．

　フォントは，使用言語の違いによる和文フォントと欧文フォント，文字幅の違いによる等幅フォントとプロポーショナルフォント，文字の生成方法の違いによるビットマップフォントとアウトラインフォントなどの種類に分けることができる．

a.　和文フォントと欧文フォント

　和文フォントは，ウロコと呼ばれる文字の飾りがついている**明朝体**，文字の線幅がほぼ一定の**ゴシック体**，その他の 3 つに大きく分類できる．一方，欧文フォントは，セリフと呼ばれる文字の飾りがついている**セリフ体**，セリフが付いておらず文字の線幅がほぼ一定の**サンセリフ体**，その他に分類できる．

　文書などの長文には明朝体やセリフ体が使われ，プレゼンテーションのスライドやポスターなどにはゴシック体やサンセリフ体が使われることが多い．一般に，和文フォントと欧文フォントを混在して利用する際には，それぞれの特徴が類似している明朝体・セリフ体，ゴシック体・サンセリフ体の組合せの相性がよいとされています．

b.　等幅フォントとプロポーショナルフォント

　等幅フォントは，文字の幅を一定にデザインすることでデータ量を少なくし，コンピュータの処理速度を高めることを目的に利用されてきました．一方，文字の幅がそれぞれの文字のスタイルによって異なるフォントを**プロポーショナル**

フォントと呼びます．特に，欧文を書くときに文字の間隔を美しく表現すること
ができるため，利用されています．文字の組合せによっては，プロポーショナルフォ
ントを使っても文字の間隔が空いてしまうこともあり，その微調整のために，デー
タ量が大きく処理に時間がかかるとされていました．

c.　ビットマップフォントとアウトラインフォント

ビットマップフォントとは，文字を点の集まりとして形を表現する方法です．
コンピュータでは高速で処理ができる反面，拡大すると文字の輪郭がギザギザに
なってしまいます．一方，アウトラインフォントは，文字の輪郭を数値データと
して表現する方法です．表示の際には，輪郭線の内側を塗りつぶす処理が必要と
なりますが，文字を美しいまま拡大・縮小・変形ができるというメリットがあり
ます．コンピュータやプリンタの性能向上により，アウトラインフォントが使わ
れることが多くなってきています．

2.4　音声の表現

音は，耳に聞こえる空気の振動で，空気の密度の高い部分と低い部分が繰り返
し伝搬していく波といえます．つまり，空気の振動は，空気の圧力の変化によっ
て起こります．

アナログ方式で，音の情報を記録するのにもっとも簡単な方法は，音の振動を
直接アナログ方式で記録する方法です．例えば，音の振動を溝として直接記録す
る方法です．この記録された溝をなぞることにより，空気が振動し音を再生させ
ることができます．

一方，デジタル方式では，アナログ情報を標本化と量子化により，0と1に符
号化された情報をくぼみとして記録します．音のデジタル化には，標本化と量子
化の処理を行います．

標本化では，ある時間間隔ごとに元の波形を数値化することです．サンプリン
グ周波数としては，例えば電話の場合 8kHz，音楽 CD では 44.1kHz が使われて
います．このサンプリング周波数が大きいほど，元の波形を近づけることができ
るため，音質がよくなります．

量子化では，標本化で得られた値を離散化します．量子化ビット数が8ビット
の場合，値は256段階となり，一般的に量子化ビット数が大きいほど再現される
音質がよくなります．例えば，電話の場合では量子化ビット数は8ビット，音楽

CD では 16 ビットです.

標本化と量子化され, 得られた値は, 0 と 1 に変換する符号化処理を行い, 音楽 CD の場合にはプラスチック盤上にくぼみのあるなしを記録することにより, デジタル信号に変換しています. 音の再生は, くぼみのあるなしをレーザ光により反射の大小を読み取り, アナログ信号へ変換させスピーカを振動させます. デジタル化することにより, コンピュータを加工・処理することができます.

2.5 画像の表現

デジタル画像は, 画素の集合体として表すことができます. 画像のアナログ情報からデジタル情報に変換するためには, 標本化と量子化の処理を行います.

標本化とは画素と呼ばれる四角の集合体にする操作をいいます. つまり, 連続データであるアナログ画像をどのくらいの細かさで格子状に区切るのかを決めることです. 細かく区切るほど, アナログ画像を忠実に再現できますが, そのデータ量は大きくなります. この標本化の精度を**解像度**とも呼びます.

つぎに, 量子化では, それぞれの画素の値を決める操作をいいます. つまり, 画素の色の値をデジタル値として表現します. 量子化ビット数が 1 ビットの場合, 2 値 (白と黒) を表現することができます. 一般的に, フルカラーのコンピュータでは, 各画素には光の 3 原色である赤 (R), 緑 (G), 青 (B) のそれぞれに 8 ビット (256 段階) を割り当て, 約 1,677 万色の色を表現します. これは, 1 つの画素の量子化ビット数が 24 ビットになっています. 人間が認識できる色は各色 256 段階以下といわれていますので, 24 ビットあれば十分に自然なカラー画像を表現することができます.

また, 画像データの容量は, 画素数とどのくらいの量子化ビットなのかで決まります. 例えば, 横 1,600 画素, 縦 1,200 画素で, 24 ビットの情報をもつ画像が撮影できるデジタルカメラがあった場合, 3Byte(24 bit) × 1600 × 1200 = 5.625MB となります. 日本語の文字でも 1 文字 2 バイトで表現することを考えると, 画像データの容量が大きいことがわかります. そのため, 多くの場合, 容量を小さくするための圧縮処理が使われています. 圧縮方式の違いや, 画像を扱う OS の違いにより, さまざまな画像を表現するフォーマットがあります. 例えば, デジタルカメラなど広範囲に利用されている非可逆圧縮の JPEG, Web サイトなどで利用されている可逆圧縮方式の GIF, Windows で標準的に用いられている

BMP，Macで標準的に用いられているPICTなどがあります．それぞれの利用目的や容量などに注意し，適切に画像形式を選択する必要があります．

2.6 画像のデジタル化

2.6.1 静 止 画 像

五感から入ってくる情報，なかでも視覚からの情報は，私たち人間の生活や行動様式のほとんどを決定しています．画像（imageまたはpicture）には，本来人間の視覚系で取り扱われる単色または多色の明暗，あるいは濃淡によって与えられる静止画像，連続した静止画像の動画像，さらに各種センサから得られるX線，赤外線，マイクロ波のような不可視領域の画像や，CT（Computer Tomography：コンピュータトモグラフィ）像のように生成・再生技術によって作成された画像などがあります．このような画像を形作っているのは"形"と"色"であり，それが人間の目に見えるのは"光"の働きによるものです．そのほか，現存しない画像を数値計算で表現し，これを画像として表示するコンピュータグラフィックス（CG：Computer Graphics）の画像などもあります．

このような画像情報は数値・文字データと比べ，つぎのような特徴があります．①数量，広がり，時限などのデータ量が大きい．②系列的構造の文章・音声・信号と異なり，多次元情報がある．③単一画像内の情報量が大きく，形状，濃淡，色彩など質も多様である．④視覚情報なので，色覚などが重要な意味をもつ．

画像は，図2.5のような4段階の基本的な処理を経て，デジタル化されます．ここでは2次元画像の例を用いて説明します．

画像の情報を取り込む方法は，人間の目やカメラと同様です．人間が対象物から反射光の色（波長）と光の強度によって視覚情報を得るように，イメージスキャナ，デジタルカメラ，CCDカメラなどを用いて2次元の平面上に分布するパターンの反射光の色と強さをセンサで読み取ります．さらに，1枚の写真を画素（picture cell）と呼ぶ小さな点の集まりとみなし，画素の濃度（光の強さ）を測定し，電気信号に変換します．その結果，図2.5の③のような波形のアナログ信号（画像の濃度）が1本の操作線ごとに得られます．

①で得られた濃度信号のアナログ波形を忠実にディジタル信号に変換するために標本化を行います．一般的な画像では，濃度は2時限的に変化しているため，全体を縦および横に同じ大きさと形をもつ小区画に区切ります．これが画素となり

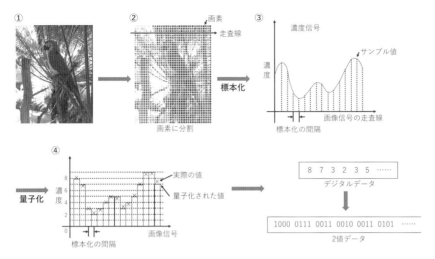

図 2.5　画像のデジタル化

ます．例えば，大きさ Y, X をもつ画像を画素に区切った際に，縦，横それぞれ M, N 個に分割されると，標本化の間隔は縦 $T_y = Y/M$，横 $T_x = X/N$ となります．このとき，この画像の画素数は $M \times N$ となり，画素数が多いほど画像は精細になり現画像に近づくので，この画素数を**解像度**（resolution）と呼んでいます．そして，この画像の分割数を決める作業を**標本化**といいます．図 2.6 に同じ大きさの原画で画素数が異なる例を示します．

　このようにデジタル画像では，画素が大きいと，画像がぼけるとともに画像の境界が目立ちます．この画像劣化はディタル画像特有で，誤差は標本化に起因するため**標本化誤差**と呼ばれます．

(a) 256 × 256　　　　(b) 64 × 64　　　　(c) 16 × 16

図 2.6　画素数の異なる画像（階調度は 256）

(a) 256 階調　　　　　(b) 16 階調　　　　　(c) 4 階調

図 2.7　階調値の異なる画像

　標本化によって，画像は空間的に離散化された画素に分割されますが，各画素の値（濃淡値，輝度値）に関しては連続量（アナログ量）のままです．連続した濃淡値を離散的な整数値に変換する操作（量子化）を行います．量子化された値は**濃度値**と呼ばれます．画像のもっとも単純な量子化は，各画素に白（0）か黒（1）のどちらかの値を当てはめることで，この画像を**モノクロ 2 値画像**と呼びます．この場合の情報量は 1 ビットになりますが，ビット数を増やすと白から黒に変化する間の濃度値を細かく変化することができます．この量子化の細かさを表す数値を**量子化数**あるいは**階調数**といいます．**図 2.7** に連続画像の濃度値を 256，16，4 の階調に量子化した例をしましす．

　人間の目の濃度を識別する能力には限界があり，通常よく使われる分解能は 8 ビット 256 階調です．しかし，人間には識別できない濃度階調の変化もコンピュータは確実に捉えることができます．医療分野の X 線フィルムや CT 画像などでは4,096 階調（12 ビット）や 65,636 階調（16 ビット）を使い病巣の細かい変化に対応できるような画像処理が行われています．この 4 段階の操作を経て，連続画像は濃度値を表す有限個の数値の組にデジタル変換されます．

2.6.2　動　　画　　像

　動画像は静止画を並べたものです．例えば TV では 1 秒間に 30 コマ，映画では 24 コマの静止画が変化しているので，動きが連続して見えます．そのため，動画像情報の情報量は静止画に比べて非常に大きくなります．動画像の場合も静止画像と同様に画素数が多いほど精細な画像を構成することができます．しかし，動画像の場合の情報量は 1 画素あたりの画素数に 1 秒あたりの画像枚数を掛けたものになります．

　動画像のデジタル化も静止画像や音声情報と同様に標本化と量子化の2つの処理で行われます．画面を XY，時間を t とすると，画像は濃淡値を示す関数 $g(X, Y, t)$ で表されます．デジタル化には3方向の周波数成分に対し，サンプリング周波数を決め量子化を行います．

2.6.3　画像圧縮技術

　画像情報は，保存や通信の際に，圧縮された情報として取り扱われます．カメラの解像度が高精細になるほど1枚あたりの情報量が大きくなります．例えば，スマートフォンに搭載されているカメラで撮影した静止画像1枚あたり2.4MB程度の情報量になり，メール等で画像データを送信するためには，圧縮する技術が重要になります．圧縮技術は，国際標準化が進められており，カラー静止画像に対しては JPEG（Joint Photographix Experts Group），カラー動画像に対しては MPEG（Moving Picture Experts Group）と呼ばれるそれぞれの標準化作業グループがあり，それぞれの名称をとった JPEG 方式，MPEG 方式があります．

　JPEG 方式は，**離散コサイン変換**（DCT：Discrete Cosine Transform）を基本とした方式をベースとし，さらにエントロピー符号化方式などに改良を加えて，カラー静止画像のデータを 1/10，1/100 程度にまで圧縮するもので，種々の分野で共通の符号化方式として普及しました．コンピュータ等で扱う画像ファイルのうち，拡張子が jpg となっているものはこの方式で圧縮されていることを表します．

　MPEG も DCT 技術をベースにして各々現れるパターンをひとまとめにすることを基本にしてデータ量を削減しています．

2.6.4　画　像　処　理

a.　画像処理の流れ

　画像処理には，多様な応用分野があり処理手法も多岐にわたりますが，基本的な処理の流れは図 2.8 に示すとおりです．

　この流れの各ステップは次のようになります．

　①　前　　処　　理

　画像を認識・理解するには，その前処理として入力画像データの中に含まれているノイズを除去したり，境界線やエッジを検出したり，撮像系の歪みの補正や正規化を行います．ノイズ除去前後の画像例を図 2.9 に示します．

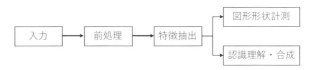

図 2.8　画像処理の流れ

② 特 徴 抽 出

対象画像の色の濃度やエッジの検出（図 2.10），領域の分割などにより画像の基本的な特徴を取り出します．一般に境界領域では濃度が大きく変化するので，隣の画素の濃度との差分である濃度差（差分差）を求め，変化量を用います．

③ 図 形 形 状 計 測

画像の特徴を数値化し，定量値を算出します．

④ 認識理解・合成

画像から特定の対象物を取り出したり，認識したりすることを画像認識といいます．文字認識は物流などに，指紋や顔画像の認識はセキュリティ応用として利活用されています．

b. デジタル画像処理の例

濃 度 変 換

入力画像の濃度分布の偏りや撮影された写真のコントラストを改善するときなどにもちます．画像全体で同じ濃度をもつ画素数を求めグラフ化したものを濃度分布のヒストグラムといいます．図 2.11（a）の現画像はヒストグラムが示すように，濃度分布が左側に偏って撮影されます．この写真の濃度分布を（b）のように広げるとコントラストが改善され，見やすくなります．

(a) 原画像　　　(b) エッジ抽出画像

図 2.9　ノイズ除去　　　　　図 2.10　エッジの検出

(a) 原画像　　　　(b) 処理画像(コントラストの改善)

原画像のヒストグラム　　　処理後のヒストグラム

図 2.11　濃度変換

空間フィルタリング

　特定の周波数成分の信号を通過させたり，遮断したりする操作をフィルタリングといい，雑音除去や歪みの軽減に用いられます．画像解析の前処理として使われるエッジ検出もフィルタリングにより行うことができます．

　フィルタリングには，フィルタを用いた空間領域における局所的な変換処理と，フーリエ変換などを利用した画像全体に及ぶ周波数領域における変換処理（図2.12）があります．低周波領域のフィルタリングは雑音除去に有効で，高周波領域のフィルタリングは線やエッジの抽出に有効です．

c.　画像処理の応用例

　画像処理の1つである画像合成技術はコンピュータを用いてリアルな物体や風景など人工的画像を創り出す技術でCG（Computer Graphics）の一分野とも位

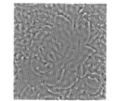

(a) 原画像　　　　(b) 低周波帯域フィルタリング (c) 高周波帯域フィルタリング

図 2.12　フーリエ変換でフィルタリング

置づけられています．目的により異なりますが，表示対象が風景や人物などの空間的要素をもつものである場合，2次元より3次元画像のほうがより効果的です．3次元画像の形状記述の方法にはドットモデルやワイヤーフレームモデルなどがあります．人間の顔を記述した例として，ワイヤーフレームモデルを用いた**平均顔**があります．**ワイヤーフレームモデル**とは図2.13(a)のように顔の表面の点をワイヤーで結んだものです．図2.13(a)の顔の正面写真の口元，目尻，頬の輪郭などの特徴点にあわせてマッピングを行い，個人の顔形状を捉えたワイヤーフレームモデルを作成します．このように3次元構造をもつワイヤーフレームモデルを対応させることで複数の顔画像同士の演算が可能になり，この演算処理により平均顔を作成することができます．平均顔は，図2.13(b)のように，複数のデジタル顔画像を取得し，それぞれの顔画像から作成したワイヤーフレームモデルを用い，顔の形状情報と顔形状に対応する個々の顔画像の濃淡を平均化し，作成します．

図2.14に，1901年に日本で初めての組織的な女子高等教育機関として誕生した日本女子大学の明治・大正時代の卒業生の平均顔，さらに，1900年に女子高等教育機関「女子英学塾」として創立した津田塾大学の同時期の卒業生の平均顔

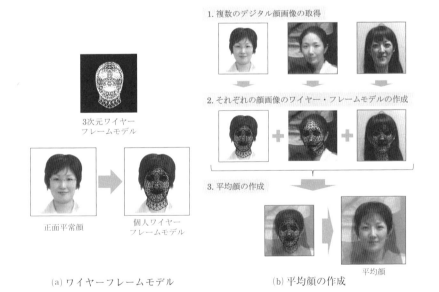

（a）ワイヤーフレームモデル   （b）平均顔の作成

図2.13　ワイヤーフレームモデル作成過程

明治37年　　明治39年　　明治44年　　大正5年　　大正11年

a. 日本女子大学で学んだ学生の平均顔（日本女子大学小舘研究室作成）

明治36年　　明治39年　　明治45年　　大正5年　　大正12年

b. 津田塾大学で学んだ学生の平均顔（津田塾大学稲葉研究室作成）

図 2.14　女子大学の卒業生の平均顔

の例を示します.

　平均顔は複数の顔画像から中間的な顔画像を創り出すことで，その集団のもつ顔の特徴だけを浮き彫りにするため，人類学や心理学への科学的なアプローチの方法として使われています.

　また，顔画像は，指紋や虹彩などと並び，バイオメトリクス情報として，セキュリティ分野でも，個人認識技術に利用されています. 防犯カメラと連携し，犯罪者データベースとの照合により迅速な逮捕につながる例も増えてきています. 犯罪捜査以外にも，応用例が広がっています. 例えば，入退室にICカードが利用されている場合がありますが，カードさえあれば本人でなくとも入室ができるため，顔認証技術を用いて管理を行う場合もあります. また，羽田空港においても，訪日外国人旅行者数の増加に伴い，日本人の出帰国手続きの迅速化のため2017年秋から**顔認証ゲート**が導入され，運用されています. パスポートに登録されている顔画像と“顔認証ゲート”で撮影された画像との照合により本人確認を行い，スムーズな手続きができるようになっています. 顔画像を用いた認証だけではなく，分析を行うことで，年齢推定や表情推定なども実用化されており，笑顔を自動的に抽出し，撮影ができるような機能が搭載されたデジタルカメラが発売されています.

2.7　情報の伝達と情報量

　前節までは情報を表現することについて説明してきました．情報を表現することは，情報を誰かに伝えることを目的としています．伝えるためには，情報をさらに伝達する必要があります．そこで本節以降では，情報を伝達することについて，情報の定量的な扱いや情報通信に関わる基本的な考え方について述べます．

　情報を定量的に取り扱うことを定義したのは，当時のベル研究所（米国）のシャノンであり，1948 年に "Mathematical Theory of Communication" と題する論文で発表しました．この論文が今日の情報理論の礎となっていますが，論文のタイトルからもわかるように，通信と結びつきが強いことがわかります．そこで，まず本節では情報の伝達の基礎となっている "情報量の定量化" について述べます．

2.7.1　情　　報　　量

　情報を受けたときに意外性が大きい（生起確率が低い）ものほど，情報量は大きいといえます．例えば，「宝くじで一等が当たった」という情報と「宝くじではずれた」という情報では，前者のほうが意外性は大きく，私たちの得た情報量は大きいと考えられます．このとき，主観的な嗜好などは価値判断の材料とはならず，確率が高い事象か否かだけが情報の価値を決めることになります．

例 2.7.1　トランプのカード（ジョーカー除く）を引いた結果でつぎの情報を得たとき，それぞれの情報量を比較してみましょう．

　（a）"ハート" の "7" が出た

　（b）"ハート" が出た

　（c）"7" が出た

　（a）は予測できる確率が 1/52，（b）は予測できる確率が 1/4，（c）は予測できる確率が 1/13 ですので，得られる情報量は大きいほうから（a），（c），（b）の順になります．

　情報量 I に期待される性質として，生起確率 p（$0 \leq p \leq 1$）の関数であり，確率が小さいほど情報量が大きくなるような単調減少を示す関数である必要があります．また，確率が 1 のとき情報量は $I(1) = 0$，確率が 0 に近ければ $I(0) = \infty$ という性質も満たす必要があります．

　さらに，例 2.7.1 にあるような，(b) で得られた結果と (c) で得られた結果の両方を受け取ると，(a) を 1 回で受け取った結果と同じになります．これを関係式で表そうと思ったとき，確率は $p_a = p_b \times p_c$ となりますが，情報量は $I_a = I_b + I_c$ としたほうが感覚に合います．ここで，p_a，p_b，p_c，I_a，I_b，I_c は，それぞれ (a)，(b)，(c) で得られた生起確率と情報量を表しています．このことから，情報量は加法性を満たす性質が求められます．

　これらの性質を満たした形が，

$$I(p) = \log_2 \frac{1}{p} = -\log_2 p$$

となり，この情報量の単位を**ビット** (bit)[†]といいます．

　生起確率 p は，$0 \le p \le 1$ であることから，$0 \le I(p) \le \infty$ になります．図 2.15 に自己情報量 I と確率 p の関係を示します．ここで定義した情報量を**自己情報量**と呼び，次節で述べる平均情報量（エントロピー）とは区別します．

2.7.2　平均情報量

　情報量とは，ある事象 S が確率 p で起こったときの定義であるため，事象によって変化します．

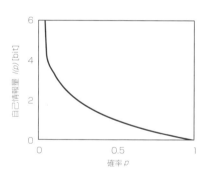

図 2.15　自己情報量と確率の関係

例 2.7.2　東京の 6 月のある日の天気の生起確率を p_1：雨になる確率 1/2，p_2：晴れになる確率 1/4，p_3：曇りになる確率 1/4 とするとき，それぞれの事象 p_i に

[†] ビット (bit) は，対数の底を 2 としたときの単位であり，底が e のときはナット (nat)，底が 10 のときはディット (dit) になります．

おけるそれぞれの情報量は,

$$I_1 = -\log_2 p_1 = -\log_2 \frac{1}{2} = 1 \; [\text{bit}]$$

$$I_2 = -\log_2 p_2 = -\log_2 \frac{1}{4} = 2 \; [\text{bit}]$$

$$I_3 = -\log_2 p_3 = -\log_2 \frac{1}{4} = 2 \; [\text{bit}]$$

となります.

　これは,単一の事象の情報量を示しており,情報源全体がもつ情報量を評価することはできません.そこで,情報源全体の情報量を得るために,各情報源記号(事象)の情報量の平均の値で定義し,これを**平均情報量**または**エントロピー**と呼びます.情報源記号を N 種類とし,i 番目の記号の生起確率が p_i としたときの平均情報量 H は,

$$H = p_1(-\log_2 p_1) + p_2(-\log_2 p_2) + \cdots + p_N(-\log_2 p_N)$$

$$= -\sum_{i=1}^{N} p_i \log_2 p_i \; [\text{bit/ 情報源記号}]$$

で表せます.ただし,$\sum_{i=1}^{N} p_i = 1$ になります.

　したがって,例 2.7.2 の東京の 6 月のある日の天気の平均情報量は,

$$H = \frac{1}{2}\left(-\log_2 \frac{1}{2}\right) + \frac{1}{4}\left(-\log_2 \frac{1}{4}\right) + \frac{1}{4}\left(-\log_2 \frac{1}{4}\right)$$

$$= \frac{1}{2} + \frac{2}{4} + \frac{2}{4} = 1.5 \; [\text{bit/ 情報源記号}]$$

となります.[bit/ 情報源記号] は [bit/ 記号] や [bit/symbol] などとも表記することがあります.自己情報量の単位 [bit] とは区別する必要はありますが,誤解が生じない場合には,単に [bit] と表示することもあります.

　エントロピーの性質を理解するために,もっとも基本的な 2 元情報源 S(コインの表または裏,記号 0 または 1 など)の場合を考えてみましょう.このとき,どちらか 1 つの生起確率を p とすると,もう一方の生起確率は $1-p$ となります.このときのエントロピーは,

$$H(S) = -p\log_2 p - (1-p)\log_2(1-p) \; [\text{bit/ 情報源記号}]$$

となります.図 2.16 にエントロピー $H(S)$ と確率 p の関係を示します.

　エントロピー $H(S)$ は,$p = 1/2$ のとき,すなわち 2 つの事象の生起確率が等しいときに最大となり,このとき $H(S) = 1$ [bit] になります.また,$p = 0$ または $p = 1$ で,どちらかの事象が確率 1 で起こることが決まっているとき,エント

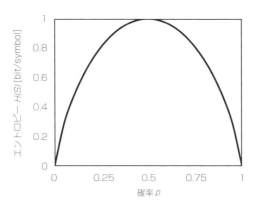

図 2.16 エントロピーと確率の関係

ロピーは最小となり, $H(S) = 0$ [bit] になります. これらの結果より, 得られる
結果がもっとも予想しにくいとき最大値となり, 結果が決まっているとき最小値
となることから, エントロピーは情報の曖昧さを表しているといえます.

　2元情報源におけるエントロピーは, 2つの事象等確率のとき, 最大になるこ
とがわかりました. それでは, N 個の事象をもつ N 元情報源の場合はどうでしょ
うか. 数学的な証明は略しますが, 生起確率がすべて等しいとき, 得られる結果
がもっとも予想しにくくなるため, エントロピーは最大となります. したがって,
N 個の事象の生起確率が $p_1 = p_2 = \cdots = p_N = 1/N$ となるため, 最大エントロピー
$H_{\max}$ は

$$H_{\max} = -\sum_{i=1}^{N} p_i \log_2 p_i = -N \times 1/N \log_2(1/N) = \log_2 N \ [\text{bit/ 情報源記号}]$$

となります.

　N 個の情報源記号で表される最大エントロピー $H_{\max}$ と実際のエントロピー H
には差があります. この差は, 情報量をもたない無駄な部分と考えられ

$$r = 1 - \frac{H}{H_{\max}}$$

と表され, **冗長度**と呼びます. $H/H_{\max}$ が小さいほど, 情報源 S のエントロピー
が小さく, 無駄が多いことを意味します. 冗長度があることで, 文章ならスペル
の誤りがあっても読みながら修復することができるし, 会話でも少し聞き逃して
も話を理解することができるのです.

2.8　情　報　源

　前節で取り扱ってきた情報源は，ある事象が起こるとき，以前の事象とは無関係，独立であると仮定してきました．このような記憶のない情報源のことを**無記憶情報源**と呼びます．しかし，ある事象の生起確率がその事象の直前に生起した m 個の事象に依存する記憶のある情報源のことを m **重マルコフ情報源**と呼び，特に，$m=1$ のときは単純**マルコフ情報源**と呼びます．このような記憶ある情報源では，次の記号を予測しやすくなるため一般的にエントロピーは小さくなり，冗長度 γ は大きくなります．

例 2.8.1　2つの事象をもつ2元単純マルコフ情報源 S を考えます．ここで，$S=\{0,1\}$，$q_1=(0)$，$q_2=(1)$ とすると，次の4つの遷移が考えられ，状態遷移図は図 2.17 のようになります．

$$① 0 \rightarrow 0 : P(0|q_1)=0.7, \quad ② 0 \rightarrow 1 : P(1|q_1)=0.3$$
$$③ 1 \rightarrow 0 : P(0|q_2)=0.1, \quad ④ 1 \rightarrow 1 : P(1|q_2)=0.9$$

　マルコフ情報源は，初期状態から遷移を繰り返して次々と状態を変え，ある時点では必ずいずれかの状態に収束します．ここで，例 2.8.1 の情報源の状態分布の推移を表 2.3 に示します．28ステップ遷移後の状態の確率分布は同じ値を取り，それぞれの確率が $q_1=1/4$，$q_2=3/4$ に収束することがわかります．このような情報源のことをエルゴード情報源と呼び，確率変数の値の集合平均と時間平均は一致する性質をもちます．

　マルコフ情報源では，遷移後の状態は，その前の状態と遷移確率にのみ依存して決定されます．したがって，例 2.8.1 の遷移確率行列 P は，

$$P=\left[\begin{array}{cc} P(0|q_1) & P(0|q_2) \\ P(1|q_1) & P(1|q_2) \end{array}\right]=\left[\begin{array}{cc} 0.7 & 0.1 \\ 0.3 & 0.9 \end{array}\right]$$

となり，遷移確率 P_k の $k=1$ ステップは

図 2.17　2元単純マルコフ情報源の状態遷移

表 2.3　例 2.8.1 のマルコフ情報源における k ステップ遷移後の状態分布

k	$P_k(q_1)$	$P_k(q_2)$	k	$P_k(q_1)$	$P_k(q_2)$	k	$P_k(q_1)$	$P_k(q_2)$
0	1.000000	0.000000	11	0.252721	0.747279	22	0.250010	0.749990
1	0.700000	0.300000	12	0.251633	0.748367	23	0.250006	0.749994
2	0.520000	0.480000	13	0.250980	0.749020	24	0.250004	0.749996
3	0.412000	0.588000	14	0.250588	0.749412	25	0.250002	0.749998
4	0.347200	0.652800	15	0.250353	0.749647	26	0.250001	0.749999
5	0.308320	0.691680	16	0.250212	0.749788	27	0.250001	0.749999
6	0.284992	0.715008	17	0.250127	0.749873	28	0.250000	0.750000
7	0.270995	0.729005	18	0.250076	0.749924	29	0.250000	0.750000
8	0.262597	0.737403	19	0.250046	0.749954	30	0.250000	0.750000
9	0.257558	0.742442	20	0.250027	0.749973	31	0.250000	0.750000
10	0.254535	0.745465	21	0.250016	0.749984	32	0.250000	0.750000

$$\begin{bmatrix} P_{k=1}(q_1) \\ P_{k=1}(q_2) \end{bmatrix} = \begin{bmatrix} P(0|q_1) & P(0|q_2) \\ P(1|q_1) & P(1|q_2) \end{bmatrix} \begin{bmatrix} P_{k=0}(q_1) \\ P_{k=0}(q_2) \end{bmatrix} = \begin{bmatrix} 0.7 & 0.1 \\ 0.3 & 0.9 \end{bmatrix} \begin{bmatrix} 1 \\ 0 \end{bmatrix} = \begin{bmatrix} 0.7 \\ 0.3 \end{bmatrix}$$

となり，k ステップ目は

$$\begin{bmatrix} P_k(q_1) \\ P_k(q_2) \end{bmatrix} = \begin{bmatrix} P(0|q_1) & P(0|q_2) \\ P(1|q_1) & P(1|q_2) \end{bmatrix} \begin{bmatrix} P_{k-1}(q_1) \\ P_{k-1}(q_2) \end{bmatrix}$$

で求めることができます．定常状態での，確率は一定になると考えられるので，以下の連立方程式で定常状態確率を算出することができます．

$$\begin{bmatrix} P(q_1) \\ P(q_2) \end{bmatrix} = \begin{bmatrix} P(0|q_1) & P(0|q_2) \\ P(1|q_1) & P(1|q_2) \end{bmatrix} \begin{bmatrix} P(q_1) \\ P(q_2) \end{bmatrix}$$

例 2.8.1 の 2 元単純マルコフ情報源の定常状態確率を求めると $P(q_1) = 1/4$, $P(q_2) = 3/4$ になり，表 2.8.1 の収束値と等しいことが確認できます．

　マルコフ情報源のエントロピーは

$$H(S) = -\sum_{i=1}^{n} P(q_i) H(S|q_i) = -\sum_{i=1}^{n} P(q_i) \sum_{j=1}^{r} P(s_j|q_i) \log_2 P(s_j|q_i)$$

で求めることができます．ここで，$P(q_j)$ は定常状態確率になります．例 2.8.1 のエントロピーを算出すると

$$H(S) = -P(q_1)\{P(0|q_1)\log_2 P(0|q_1) + P(1|q_1)\log_2 P(1|q_1)\}$$
$$-P(q_2)\{P(0|q_2)\log_2 P(0|q_2) + P(1|q_2)\log_2 P(1|q_2)\}$$
$$= -\frac{1}{4} \times (0.7\log_2 0.7 + 0.3\log_2 0.3) - \frac{3}{4} \times (0.1\log_2 0.1 + 0.9\log_2 0.9)$$
$$= 0.572 \ [\text{bit/ 情報源記号}]$$

になります.

2.9　符　　号　　化

2.7 節の冒頭においても紹介した，シャノンの論文では，"情報量の定量化" のほかに，"情報源符号化" と "通信路符号化" について述べられています．本節では，2.8 節で取り上げた情報源の情報量を失わずに能率よく伝えるための符号化である "情報源符号化" と信頼性高く伝えるための "通信路符号化" について述べます．

2.9.1　通信系モデル

シャノンの通信系モデルを図 2.18 に示します．**情報源**は，情報の発生源であり，具体的には人やコンピュータなどに相当します．**通報**は，情報源から発生した伝えたい情報であり，具体的には文字やデータ列などに相当します．**送信機**は，通信路に通報を通すための信号に変換するものであり，この操作を**符号化**と呼びます．ここでの符号化に "情報源符号化" と "通信路符号化" があります．**通信路**は，有線の場合は電話線や光ファイバなどになり，無線の場合は空間になります．**受**

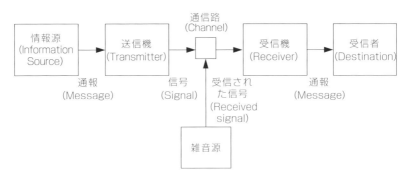

図 2.18　シャノンの通信系モデル

信機は，信号を通報に復元するものであり，この操作を**復号化**と呼びます．

　通信では，高速化して能率を上げることと，雑音が入る通信路で誤りを少なくして正確に信号を伝達するという，矛盾した2つの要求を満たす必要があります．

2.9.2　情報源符号化

　情報源符号化は，通信の高能率化を目的としています．したがって，情報源に含まれる冗長性を削除して，通報全体が短くなるよう符号化することが求められます．これを実現する方法として，出現頻度の高いものに短い符号を割り当て，低いものに長い符号を割り当てて，全体の情報量をできるだけ小さく手法があります．同じ長さの符号を割り当てる手法より，情報量を少なくすることができるため，**情報圧縮**とも呼ばれます．

　情報源符号化の例として，1837年に発明されたモールス符号があげられます．**モールス符号**では，英文のアルファベットの発生確率に応じて符号化されており，高能率化が図られています．また，ファックスや映像などのデータ圧縮で取り入れられている**ハフマン符号**は，各情報源記号の生起確率が既知であるときに，1情報源記号あたりの平均符号長が最短となる符号です．以下に，ハフマン符号について説明します．

ハフマン符号

　ハフマン符号の構成方法は，図 2.19 に示すように，情報源記号から符号の木を作成していきます．手順は以下のとおりです．

1. 情報源記号の確率の大きさの順に並べ，その数だけ葉を割り当てる．
2. 確率が最小の葉から順に2つの葉を選んで1つの節点を作る．1つの枝に"0"，

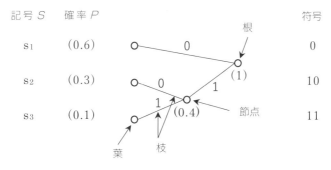

図 2.19　ハフマン符号の手順

もう一つの枝に "1" を割り当てる.

3. 節点の間に 2 つの葉の確率の和を割り当てる.

4. 葉が 1 枚になるまで 2. と 3. を繰り返す.

　平均符号長は,通報の全符号の長さ(ビット)を通報に含まれる記号の数で割った値になります.情報源 S は 3 つの記号をもつため,同じ長さの符号を割り当てる場合,2 ビット必要になります.したがって,このときの平均符号長 L_1 は

$$L_1 = 2 \times 0.6 + 2 \times 0.3 + 2 \times 0.1 = 2 \,[\text{bit/ 情報源記号}]$$

になります.一方,ハフマン符号を用いたときの平均符号長 L_2 は

$$L_2 = 1 \times 0.6 + 2 \times 0.3 + 2 \times 0.1 = 1.4 \,[\text{bit/ 情報源記号}]$$

になり,同じ長さを割り当てたときの平均符号長 L_1 よりも短くなることが確認できます.

2.9.3　通信路符号化

　通信路符号化は,雑音が入る通信路で誤りを少なくして正確に信号を伝達し,信頼性を上げることを目的としています.そのために,受信側で誤りを検出できたり,訂正できたりすることが求められます.これを実現する方法として,本来の符号に冗長性をもたせる手法があります.これらを,誤り検出,誤り訂正とも呼びます.冗長性をもたせて誤り検出,誤り訂正する例を以下に示します.

a. 多　　重　　化

　データの入力やタイプといったたぐいの人間の行う事務的な作業においては,常に誤りの可能性があるため,その検出と訂正を行う必要があります.このための一般的な手段は,同じ作業を 2 回以上繰り返してその結果が同一であることをチェックする多重化(multiplexing)です.

　一般に,同一の作業を 2 回繰り返す 2 重化によって誤りの検出ができ,3 重化によって誤りの訂正ができます.すなわち,誤りの発生率 ε が十分小さいとき同一の誤りが重なる可能性は ε^2 となって無視できるほど小さい(例えば,$\varepsilon = 1/1000$ のとき ε^2 は 100 万分の 1 となる)ので,2 重化したデータが同一でないときには誤りが発生したと判断できます.また,3 重化したデータから多数決の規模によって元の値を推定することが可能です.現在でも,人手による入力データの作成には同じデータを 2 回以上打ち込む多重化が使われ,また誤りが許されないような処理においては複数のコンピュータによる多重化システムが用いられています.しかし,多重化はコストが大きいので,情報の伝送と記録にはより効

率のよい誤り検出と訂正の方式が使われます.

b. パリティ検査

一定長の2値情報に対する多重化より効率のよい誤り訂正と検出の方法としてパリティ検査（parity check）が使われます.

パリティ検査のためには，ある情報を表す n ビットの符号に，パリティビットと呼ばれる1ビットを付け加えます. このパリティビットの値は，この全体の $n+1$ ビット中の1の個数が常に偶数になるように与えます（1の個数を常に奇数とする方式もあります）.

パリティビットを加えた1値信号を通信回線に送信し，これを受信したとき1が偶数個であることを確認します（パリティ検査）. このとき，$n+1$ ビットの中に1ビットの誤り（1が0に，または0が1に反転する）が起こると，受信したとき1の個数が奇数に変わっているので，誤りが起こったことを検出できます. もし $n+1$ ビットの中の2ビットが誤ると，1の個数は再び偶数になってしまうので誤り検出はできません. しかし，誤りの発生率が十分小さいとき，2重の誤りが起こる確率は無視できるほど小さいので，この方式は十分に有効です. 例えば $n+1$ ビット中で1誤りの起こる確率が 1/10000（$=10^{-4}$）のとき，2重の誤りの確率はこの確率を2乗した1億分の1（$=10^{-8}$）と無視できるほどの小さい値になります.

パリティ検査はデジタル通信ばかりでなく，コンピュータの記憶中の誤り検出などにも広く用いられています.

c. 誤り訂正符号

パリティビットをうまく組み合わせると，誤りの検出だけでなく多重化より効率のよい誤りの訂正も可能になります. そのような誤り訂正の一方式を説明しましょう. パリティビットを加えた長さ $n+1$ の符号語を n 組並べて，その各列に対して図のように $n+1$ 個のパリティビット（p印）を付け加えます.

$$
\begin{array}{ccccc}
b_{11} & b_{12} & \cdots & b_{1n} & p \\
b_{21} & b_{22} & \cdots & b_{2n} & p \\
\vdots & \vdots & & \vdots & \vdots \\
b_{n1} & b_{n2} & \cdots & b_{nn} & p \\
p & p & p & p & p
\end{array}
$$

この（$(n+1)^2$ のビットのどれかに誤りが起こると，各行と各行のパリティ検査から誤りビットの行と列が決定されます．2値信号の誤りとは 0 と 1 が反転することですから，誤りの位置がわかれば，1 または 0 を反転してその訂正ができます．

　一般に誤りの検査や訂正を行うためには，伝送される情報にパリティビットのような余分な情報を付加して**冗長性**（redundancy）を与えることが重要です．私たちの会話で話される言葉や日本語や英語の文章にも多くの冗長性が含まれています．例えば，虫くいだらけの本でも内容が読み取れるのは，冗長性によって誤りの訂正ができるためです．冗長性は必ずしもむだではなく，伝達したい情報を雑音から守る働きをもっています．

参 考 文 献

1. 川合慧：『情報』，東京大学出版会，2006.
2. 岡本敏雄，小舘香椎子監修：『マルチメディア表現と技術』，丸善，2003.
3. 永田明徳，金子正秀，原島博：平均顔を用いた顔印象分析，信学論（A），vol.J80-A，No.8，pp1266-1272，1997.

コンピュータシステムの基礎

　本章では，コンピュータシステムを構成するさまざまな要素について取り上げます．コンピュータの心臓部分である CPU（Central Processing Unit）は，複雑な論理回路として実現されています．この論理回路は，論理代数という数学の体系に基づいて動作します．つまり，コンピュータシステムは，論理代数に従った動作を実現する電子回路と，それを支えるさまざまな回路や装置の集合体となっています．

　はじめに論理代数と論理回路について取り上げたあと，コンピュータの種類と，ハードウェアの各種構成要素について紹介します．つぎに，コンピュータが動作する仕組みについて，ハードウェア，ソフトウェアの両方の面から，より具体的に説明します．

3.1　論　理　代　数

3.1.1　論理代数とは

　論理代数は，0と1の2つの値のみを扱う代数です．この2つの値は，論理値，真理値，ブール値などと呼ばれます．論理代数における演算を論理演算と呼びます．基本となる論理演算としては，否定（NOT），論理積（AND），論理和（OR）の3つがあります．値の種類と演算の種類の少なさからわかるように，非常にシンプルな代数の体系となっています．

3.1.2　命　題　と　論　理

　命題とは，真（true）または偽（false）が定まるような文章です．例えば，「猫は動物である」，「地球は恒星である」，「神は存在する」という文章を考えてみます．これらはいずれも命題となります．「猫は動物である」は正しいので，この命題は

真であるといいます．また，「地球は恒星である」は正しくないので，この命題は偽であるといいます．最後の「神は存在する」は，真か偽かがわからないといえそうですが，そのいずれかである，ということは可能だと考えられます．このようなものも，命題であるとみなします．

命題は A，B，C，X などの文字で表します．これを**命題記号**と呼びます．この記号は値をもつ変数であり，その値は真または偽の二種類のみとなります．

このような命題に対して，つぎのような演算が考えられます．複数の命題を演算によって結合したものを複合命題と呼びます．複合命題の真偽を研究する分野を命題論理といいます．

a. 否　定（NOT）

ある命題に対しては，必ずその否定命題が存在します．命題 A の否定を $\neg A$ と表します．A が真のとき $\neg A$ は偽，A が偽のとき $\neg A$ は真となります．

例えば命題 A が「猫は動物である」であれば，$\neg A$ は「猫は動物ではない」となります．

b. 論理積（AND）

命題 A と B が存在するとき，$A \wedge B$ を A と B の論理積といいます．$A \wedge B$ は，A と B がともに真の場合のみ真となり，それ以外の場合は偽となります．

例えば命題 A を「カラスは鳥である」，命題 B を「カラスは黒い」とすると，A と B の論理積は「カラスは鳥であり，かつカラスは黒い」という命題になります．このように，論理積は一般に日本語では「A かつ B」に相当し，英語では「A and B」に相当します．

c. 論理和（OR）

命題 A と B が存在するとき，$A \vee B$ を A と B の論理和といいます．$A \vee B$ は，A または B が真の場合，および A と B がともに真の場合に真となります．偽となるのは，A と B がともに偽の場合のみです．

例えば命題 A を「彼は東京に住んでいる」，命題 B を「彼は落語が好きだ」とすると，A と B の論理和は「彼は東京に住んでいるか，または彼は落語が好きだ」という命題になります．このように，論理和は一般に日本語では「A または B」に相当し，英語では「A or B」に相当します．

d. ベ　ン　図

複合命題を直観的に理解するためには，図 3.1 に示す**ベン図**（Venn diagram）が便利です．例として，命題 A，B をそれぞれ「その点は円 A の内部にある」，「そ

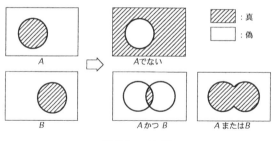

図 3.1 ベン図

の点は円 B の内部にある」とした場合を考えます．命題 A が真であるような点の集合を斜線で表すと，円 A の内側に斜線を引いたものになります．また命題 A の否定，すなわち「その点は円 A の外部にある」が真であるような点の集合は，円 A の外側に斜線を引いたものになります．さらに A と B の論理積，すなわち「その点は円 A の内部にあり，かつ円 B の内部にある」が真であるような点の集合は，2 つの円の重なった凸レンズ状の領域になります．A と B の論理和，すなわち「その点は円 A の内部にあるか，または円 B の内部にある」が真であるような点の集合は，2 つの円を合わせた領域になります．

　このように，任意の命題 A，B の演算結果について，ベン図を用いて視覚的に理解することができます．交差する 2 つの円を描き，それぞれ命題 A，B と対応付け，円内に斜線を引いて表します．否定命題は，斜線領域を反転させて表します．論理積はそれぞれの斜線領域の共通部分，論理和はそれぞれの斜線領域を合わせたものとして表します．

3.1.3　論理代数の公式

　これから説明する論理代数では，3.1.2 項で取り上げた命題論理の用語や記号を，つぎのページの上の表のように置き換えて用いることにします．

　このうち下の 3 つは論理変数に対する演算を表しています．A，B，C を論理変数とすると，例えば $A+B$ は命題「A または B」に相当し，$B \cdot (\overline{C})$ は命題「B であり，かつ C でない」に相当します．なお，演算「$\cdot$」は「$+$」よりも優先度が高いものとします．すなわち，$A+B \cdot C$ は先に $B \cdot C$ の計算を行ってからその結果と A との計算を行います．先に $+$ の計算を行いたい場合は，括弧を用いて $(A+B) \cdot C$ のように記述します．また，否定「$\overline{}$」は，線が引いてある範囲の式

命題論理	論理代数
命　題	論理変数
真	1
偽	0
否定, ¬	‾
論理積, ∧	·（省略する場合がある）
論理和, ∨	+

全体の否定を表します.

　論理代数では以下のような公式が成り立ちます.

(1) $\bar{\bar{A}} = A$

(2) $A + B = B + A$ 　　　　(3) $A \cdot B = B \cdot A$

(4) $(A + B) + C = A + (B + C)$ 　　　(5) $(A \cdot B) \cdot C = A \cdot (B \cdot C)$

(6) $A + 0 = A$ 　　　　(7) $A \cdot 1 = A$

(8) $A + 1 = 1$ 　　　　(9) $A \cdot 0 = 0$

(10) $A + A = A$ 　　　　(11) $A \cdot A = A$

(12) $A + \bar{A} = 1$ 　　　　(13) $A \cdot \bar{A} = 0$

(14) $A + A \cdot B = A$ 　　　　(15) $A \cdot (A + B) = A$

(16) $A + \bar{A} \cdot B = A + B$ 　　　(17) $A \cdot (\bar{A} + B) = A \cdot B$

(18) $(\overline{A + B}) = \bar{A} \cdot \bar{B}$ 　　　(19) $(\overline{A \cdot B}) = \bar{A} + \bar{B}$

(20) $A \cdot (B + C) = A \cdot B + A \cdot C$ 　　(21) $A + B \cdot C = (A + B) \cdot (A + C)$

　ここではこれらの公式の正当性について, 命題論理に立ち戻って簡単に確認してみることにします. 式 (1) は, 二重否定, すなわち否定の否定はもとの命題になることに対応しています. 式 (2) 以降については, 左側の公式と右側の公式は,「+」と「・」, および1と0をそれぞれ入れ替えたものになっています. この関係を双対性と呼びます. 式 (2) および (3) は明らかであるといえます. 式 (4) および (5) のように, 3つ以上の論理変数が同じ演算記号でつなげられている場合は, どのような順序で演算を行っても同じ結果となります. そのため, 式 (4) は $A + B + C$, (5) は $A \cdot B \cdot C$ のように括弧を省略することができます.

　式 (6) は, いかなる命題も, 偽である命題との論理和はもとの命題と変わらないことを示しています. 式 (7) は, いかなる命題も, 真である命題との論理積はもとの命題と変わらないことを示しています. 式 (8)〜(13) についても同様に考えることができますので, 各自で考えてみてください.

　式（14）はベン図を用いて確認してみましょう．**図 3.2** を見てください．左辺の A と $A \cdot B$ の論理和に対応するベン図の斜線領域は，これら 2 つのベン図の斜線領域を合わせたものなので，最終的には A のベン図と同じものが得られます．式（15）〜（17）についても同様に考えることができます．

　式（18）および（19）は**ド・モルガンの法則**と呼ばれるもので，それぞれ「A または B」の否定は「A でなく，かつ B でない」であること，「A かつ B」の否定は「A でないか，または B でない」であることを表しています．ここでは式（18）をベン図で確認してみることにします．**図 3.3** より，左辺の $A+B$ の否定（上段）と，右辺の $\overline{A}$ と $\overline{B}$ の論理積（下段）は同じ領域を表すことがわかります．式（19）も同様に確認することができます．

　式（20）および（21）は円を 3 個用いたベン図で同様に確認することができます．なお，式（21）は通常の代数とは異なる形になるので注意してください．

　これらの公式を使うことで，複雑な式を，より簡単な形に変換することが可能になります．

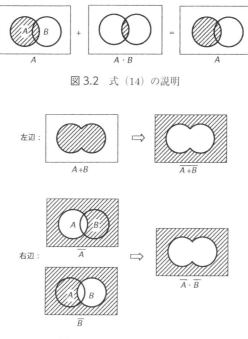

図 3.2　式（14）の説明

図 3.3　ド・モルガンの法則

3.1.4　論 理 関 数

　n 個の 0 または 1 の入力に対し, 1 個の 0 または 1 の出力が定まるような関数を, n 入力論理関数 (logic function) と呼びます. n 個の入力は n 個の論理変数によって表されるので, n 変数論理関数とも呼ぶことができます. 論理関数は, 一般的な数学で学習した関数と同様の形式で, 下記のように表すことができます.

$$f(A) \qquad （1 変数論理関数）$$
$$g(A,B) \qquad （2 変数論理関数）$$
$$h(A,B,C) \qquad （3 変数論理関数）$$

　論理関数は, 真理値表で定義することができます. **真理値表** (truth table) は, 変数の値に対して関数の値がどのようになるか, すなわち入力値に対してどのような出力が得られるかを示す表です. **表 3.1** に 1 変数論理関数の例を示します. この論理関数では変数 A が 0 のとき関数値は 1, A が 1 のとき関数値は 0 となります. 変数 A がとり得る値はこれですべてなので, この表で関数がとり得る値すべてを示したことになります.

表 3.1　1 変数論理関数の例

A	$f_1(A)$
0	1
1	0

　表 3.2 に 2 変数論理関数の真理値表の例を示します. 2 つの変数 A, B それぞれが 0 または 1 の値をとるので, そのすべての組合せに対する関数値が定められています. ここでは 3 つの異なる論理関数 $g_1(A,B)$, $g_2(A,B)$, $g_3(A,B)$ の値が示されています. $g_1(A,B)$ は A, B がともに 1 のときにのみ 1 となるので, 論理積すなわち $A \cdot B$ に対応しています. また, $g_2(A,B)$ は A, B がともに 0 のときにのみ 0 となるので, 論理和すなわち $A+B$ に対応しています. なお, $g_3(A,B)$ は, 排他的論理和と呼ばれる演算に対応しています. A と B の排他的論理和は, $\bar{A} \cdot B + A \cdot \bar{B}$ と記述することができます.

　3 変数論理関数の真理値表は, A, B, C のとり得る値すべてを考える必要があるため, **表 3.3** のように 8 行必要になります. 一般に, n 変数論理関数の真理値表は 2^n 行が必要となります.

表 3.2　1 変数論理関数の例

A	B	$g_1(A,B)$	$g_2(A,B)$	$g_3(A,B)$
0	0	0	0	0
0	1	0	1	1
1	0	0	1	1
1	1	1	1	0

表 3.3　3 変数論理関数の例

A	B	C	$h_1(A,B,C)$
0	0	0	1
0	0	1	0
0	1	0	1
0	1	1	1
1	0	0	0
1	0	1	1
1	1	0	1
1	1	1	0

3.1.5　論　理　式

　論理変数，または論理変数の否定（論理変数に「 ̄」を付けたもの）をリテラルと呼びます．論理式とは，このリテラルを論理積「・」または論理和「+」でつないだものをいいます．例えば以下のものはいずれも論理式です．

① 　$\bar{A} \cdot B \cdot C$

② 　$A \cdot B + \bar{C}$

③ 　$A \cdot \bar{B} \cdot C + \bar{A} \cdot B \cdot C$

④ 　$(A + \bar{B}) \cdot (C + D)$

　①はリテラルを論理積でつないだものであり，これを**論理積項**と呼びます．また，想定される論理変数が A，B，C の三種類のみの場合，この論理積項はすべての論理変数を含んでいることになります．このとき，これを最小項と呼びます．

　②，③は，論理積項を論理和でつないだものであり，このような形の式を**加法形**と呼びます．さらに，③は，最小項のみを論理和でつないだ形であるともいえます．このとき，③は**加法標準形**であるといいます．

　すべての論理関数は，加法標準形で表すことができます．例として表 3.4 のよ

表 3.4　論理関数 f の真理値表

A	B	C	f
0	0	0	0
0	0	1	1
0	1	0	1
0	1	1	0
1	0	0	0
1	0	1	0
1	1	0	0
1	1	1	1

うな論理関数 $f(A,B,C)$ を考えてみます．この論理関数が 1 になるのは，A, B, C の値がそれぞれ 0，0，1 または 0，1，0 または 1，1，1 となるときのみであることがわかります．また，A, B, C の値が

　0，0，1 のとき 1 になるような論理式は $\bar{A} \cdot \bar{B} \cdot C$,

　0，1，0 のとき 1 になるような論理式は $\bar{A} \cdot B \cdot \bar{C}$,

　1，1，1 のとき 1 になるような論理式は $A \cdot B \cdot C$

であることから，論理関数 f はこれらの論理和

$$f = \bar{A} \cdot \bar{B} \cdot C + \bar{A} \cdot B \cdot \bar{C} + A \cdot B \cdot C$$

で表すことができることがわかります．このようにして，任意の論理関数を，真理値表をもとにして加法標準形の論理式として表すことができます．

　なお，加法標準形に限定しなければ，1 つの論理関数に対応する論理式の表現は，無数に存在します．

3.1.6　カルノー図を用いた論理式の簡単化

　前項で述べたとおり，1 つの論理関数に対応する論理式の表現は無数に存在しますが，その中でももっとも簡単な表現を求めることは非常に重要です．3.2 節で述べるように，論理関数は論理回路と呼ばれる電子回路として実現することができますが，論理関数の表現が簡単であればあるほど，それを実現するために必要な電子部品や配線の数も少なくてすみます．

　3.1.3 項で取り上げた公式を用いることで，論理関数を表す論理式を変形し，より簡単な表現にすることができます．ただ，あらゆる論理関数に対してこの公式を用いた方法だけでもっとも簡単な表現を求めることは，非常に困難になります．

A	B	C	f
0	0	0	(1)
0	0	1	(2)
0	1	0	(3)
0	1	1	(4)
1	0	0	(5)
1	0	1	(6)
1	1	0	(7)
1	1	1	(8)

C＼AB	00	01	11	10
0	(1)	(3)	(7)	(5)
1	(2)	(4)	(8)	(6)

(a) 真理値表　　　　　　　(b) カルノー図

図 3.4　真理値表とカルノー図

そこで，ここではより直観的に論理式の簡単化を行うための手法として，真理値表を変形した表である**カルノー図**（Karnaugh map）を用いた方法を紹介します．

図 3.4 に真理値表とカルノー図の対応を示します．真理値表上で論理関数の値を表す (1) 〜 (8) の箇所は，カルノー図上では図上で示された箇所に対応します．一見してばらばらな配置になっているように見えるかもしれませんが，これはつぎのような規則に従って配置されています．

このカルノー図では，縦の 4 列は論理変数 (A,B) の組の値が左から順に $(0,0)$，$(0,1)$，$(1,1)$，$(1,0)$ の場合に対応しています．また，横の 2 行は論理変数 C の値が上から順に 0，1 の場合に対応しています．したがって，例えば真理値表における (7) の箇所は，A, B, C がそれぞれ 1, 1, 0 のときの論理関数の値を示しているため，カルノー図上では左から 3 列目，上から 1 行目の箇所に対応することになります．カルノー図では，2 変数の組を並べるときに，$(0,0)$，$(0,1)$，$(1,0)$，$(1,1)$ という順ではなく，上記のような順に並べるという特徴があります．この順は一見奇妙ですが，簡単化を行う際に，この順であることが役に立ちます．

例として，図 3.5 に，いくつかの論理式で表される 3 変数論理関数をカルノー図で表現したものを示します．なお，これ以降，論理式における記号「・」は省略します．

カルノー図では，真理値表において 1 となる箇所にのみ 1 を記入し，0 となる箇所には何も記入しないことが一般的です．図 3.5 (a) では，論理式 ABC が 1

C ＼ AB	00	01	11	10
0				
1			1	

(a)ABC

C ＼ AB	00	01	11	10
0			1	
1			1	

(b)AB

C ＼ AB	00	01	11	10
0			1	1
1			1	1

(c)A

C ＼ AB	00	01	11	10
0				1
1			1	1

(d)$ABC+A\bar{B}$

図 3.5　カルノー図の例

となる箇所，すなわち $(A,B,C)=(1,1,1)$ となる箇所にのみ 1 が記入されています．図 3.5（b）では，論理式 AB が 1 となる箇所，すなわち $(A,B,C)=(1,1,0)$，$(1,1,1)$ の 2 箇所に 1 が記入されています．これは，C の値にかかわらず，A,B の値がともに 1 であれば，AB は 1 となることに対応しています．図 3.5（c）は論理式 A の場合ですが，同じように考えると，この式は B,C の値にかかわらず，A の値が 1 であれば 1 となりますので，これに対応する 4 箇所に 1 が記入されています．最後の図 3.5（d）は，論理式 ABC が 1 となる箇所と，論理式 $A\bar{B}$ が 1 となる箇所すべての箇所に 1 が記入されています．前者は $(A,B,C)=(1,1,1)$ となる箇所，後者は $(A,B)=(1,0)$ となる箇所に対応します．

　これまでは，論理式からカルノー図を記述する方法について述べましたが，逆に，カルノー図から論理式を求めることができます．例えば図 3.5（a）は，(A,B,C) $=(1,1,1)$ となる箇所にのみ 1 が記入されていることから，論理式 ABC を表すことがわかります．つぎに，図 3.5（b）ですが，$(A,B,C)=(1,1,0)$，$(1,1,1)$ の 2 箇所に 1 が記入されていることから，最小項 $AB\bar{C}$ および ABC からなる加法標準形 $AB\bar{C}+ABC$ で表すことができることがわかります．また，C の値にかかわらず，$(A,B)=(1,1)$ であれば値が 1 となることから，1 つの論理積項 AB と表すことができることもわかります．いずれも同じ論理関数を表す正しい表現ですが，より簡単な表現は後者ということになります．また，これは $AB\bar{C}+ABC=AB$ という式変形に対応しているということもできます．

　このように，カルノー図では，1 が隣接している箇所をまとめて 1 つの論理積項と対応付けることができます．カルノー図と論理積項の対応を説明するため，さらにいくつかのカルノー図の例を図 3.6 に示します．

C \ AB	00	01	11	10
0				
1			1	1

(a) BC

C \ AB	00	01	11	10
0				
1	1	1	1	1

(b) C

C \ AB	00	01	11	10
0	1			1
1	1			1

(c) $\bar{B}$

図 3.6 論理積項とカルノー図

3変数論理関数では，最小項，すなわち3変数となる論理積項は1箇所の1に対応します（図3.5（a））．2変数の論理積項は，1が縦または横に2個並んだ領域に対応します（図3.5（b），図3.6（a））．また，1変数の論理積項は，1が4個，2行2列または1行4列に並んだ領域に対応します（図3.5（c），図3.6（b），（c））．ここで，図3.6（c）の $\bar{B}$ の例では，列が左右に分かれていることに注意してください．一般に，カルノー図では，図の上下および左右の端はつながっているものとみなします．したがって，図3.6（c）の場合も，2行2列の領域と考えることができます．

ここまでの例では，3変数論理関数に対応するカルノー図をあげてきましたが，一般に，カルノー図は2〜6変数のものがよく使われます．7変数以上のカルノー図は，直観的な理解が困難になることから，あまり使われません．多変数の論理関数の簡単化には，クワイン・マクラスキー法など，別の手法が用いられます．

最後に，カルノー図を用いて，与えられた論理関数を表すもっとも簡単な論理式を求める方法について説明します．

(i) 論理関数が真理値表で与えられた場合，真理値表で関数の値が1となる箇所に対応するカルノー図上の場所に1を記入します．論理関数が論理式で与えられた場合は，加法標準形に式変形した上で真理値表を作成し，それに基づいてカルノー図を作成します．または，与えられた式から直接真理値表を作成してもよいでしょう（すべての変数の値の組合せを調べればよい）．なお，慣れてくると，与えられた論理式を見ながら直接カルノー図に記入することもできるでしょう．

(ii) カルノー図の1が記入されているすべてのマスをカバーするような，1つ

　　以上の長方形領域を選びます．このとき，1つの長方形領域はできるだけ大
　　きく，また長方形領域の数はできるだけ少なくなるようにします．長方形
　　領域は互いに重なり合っていてもかまいません．

(iii)　各長方形領域に対応する論理積項を論理和「＋」で接続した式を作成し
　　ます．

　以上の手順で得られたものが，**最簡積和形**または**最小積和形**と呼ばれる，もっ
とも簡単な論理式となります．手順 (ii) においてできるだけ大きな長方形領域
を選ぶことがもっとも変数の数が少ない論理積項を選ぶことに対応し，できるだ
け少ない数の長方形領域でカバーすることが論理積項の数がもっとも少ない論理
式を構成することに対応しています．

　図 3.7 に例を示します．複雑な論理式が，それと同じ論理関数を表す，より簡
単な論理式に変形できたことがわかります．

つぎのような論理関数を簡単化する場合を考える：
$$\bar{A}B\bar{D}+\bar{A}BC\bar{D}+\bar{A}BCD+ABC+A\bar{B}C\bar{D}$$

(i)　論理関数の値が1になるようなカルノー図のマスに1を記入．

CD＼AB	00	01	11	10
00				
01	1			
11	1	1	1	
10		1	1	1

(ii)　1が記入されているすべてのマスをカバーするような長方形領域を選ぶ．1つの長
　　方形領域はできるだけ大きく，長方形領域の数はできるだけ少なくする．

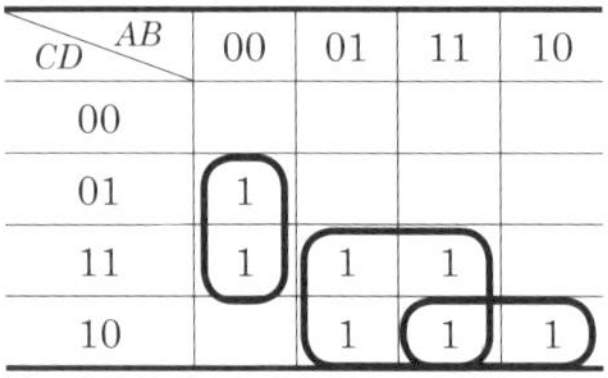

CD＼AB	00	01	11	10
00				
01	1			
11	1	1	1	
10		1	1	1

(iii)　各長方形領域に対応する論理積項を論理和で接続する．
$$\bar{A}B\bar{D}+BC+AC\bar{D}$$

図 3.7　カルノー図を用いた論理式の簡単化の例

3.2 論 理 回 路

コンピュータは，論理回路と呼ばれる電子回路を中心に構成されています．論理回路は，組合せ回路（combinational logic circuit）と順序回路（sequential logic circuit）の2種類に大別されます．組合せ回路は，ある時点における入力信号のみで，出力信号が決まる回路です．内部に状態，もしくは記憶をもたない回路とみなすことができます．また，順序回路は，ある時点の入力信号と，過去の入力信号を合わせたものによって出力信号が決まる回路です．これは，内部に状態をもつ，もしくは記憶をもつ回路とみなすことができます．

3.4.2項で述べるように，コンピュータにおけるもっとも重要な装置をCPUと呼びますが，このCPUの中の，加算や乗算といった演算処理を行う部分は，組合せ回路として構成されています．また，CPUの中で，動作の制御やデータの記憶を行う部分は，順序回路として構成されています．

3.2.1 組 合 せ 回 路

3.1.1項で述べた基本的な論理演算を実現する，回路の基本構成要素を論理ゲートと呼びます．図3.8にMIL記号と呼ばれる記号を用いた3種類の論理ゲートを示します．左から順にAND演算（論理積），OR演算（論理和），NOT演算（否定）に対応しています．記号の左側が入力，右側が出力となります．論理ゲートは，実際にはトランジスタなどの半導体素子によって作られています．ここでは入力の数は1または2となっていますが，入力数が3以上の論理ゲートもあります．例えば3入力ANDの論理ゲートはABC，3入力ORの論理ゲートは$A+B+C$という演算に対応します．

これらの論理ゲートを組み合わせることで，任意の論理式を表現することができます．つまり，上記の3種類の論理ゲートがあれば，どんな論理回路を実現することも可能になります．

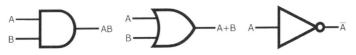

図3.8 基本的な論理演算を実現する論理ゲート

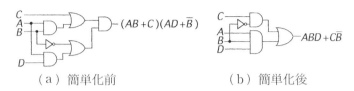

（a）簡単化前　　　　　　　　（b）簡単化後

図 3.9　論理回路の例

図 3.9 は論理式とそれに対応する論理回路の例です．（a）の論理式を簡単化することで，(b)の論理式を得ることができます．論理式を簡単化することによって，回路を構成する論理ゲートの数や配線の数を減らすことができます．つまり，3.1.6 項で述べた簡単化の手法を用いることで，論理回路の簡単化を実現することができるのです．

以下では，組合せ回路の応用例をいくつか紹介します．

a. 加　算　器

コンピュータの内部では，2 進法によって数値を表現しています．したがって，加算を実現するためには，2 進数の加算を行う論理回路，すなわち加算器を用意すればよいことになります．また，減算は，2 の補数表現を用いることで，加算器によって実現することができます．乗算は加算の繰り返し，除算は減算の繰り返しで実現することができますので，加算器があれば，基本的な演算処理である四則演算すべてを実現することができることになります．

10 進数の加算では，和が 10 以上になると桁上がり（carry）が発生します．2 進数の場合は，和が 2 以上になると桁上がりが発生します．具体例として以下のような 2 進数の加算を考えてみます．

$$
\begin{array}{r}
0\ \ 0\ \ 1\ \ 1\ \ 1 \\
+\ 0\ \ 0\ \ 1\ \ 1\ \ 0 \\
\hline
0\ \ 1\ \ 1\ \ 0\ \ 1
\end{array}
$$

一番下の桁の加算の結果は 1 となります．下から 2 番目の桁の加算の結果は 2 となるため，桁上がりが発生します．3 番目の桁の加算の結果は桁上がりの結果と合わせて 3 となるため，ここでも桁上がりが発生します．4，5 番目の桁では桁上がりは発生しません．以上で加算が完了となります．これは 10 進数における 7+6=13 という加算に相当します．

ここで，1 桁分の加算を行う回路を考えてみます．入力としては，加えられる 2 つの数 X，Y のほかに，下の桁からの桁上げ C_{in} の計 3 つがあります．また，

表 3.5　加算器の真理値表

入力			出力	
X	Y	C_{in}	S	C_{out}
0	0	0	0	0
0	0	1	1	0
0	1	0	1	0
0	1	1	0	1
1	0	0	1	0
1	0	1	0	1
1	1	0	0	1
1	1	1	1	1

出力としては，その桁の加算結果である S と，上位への桁上げ C_{out} の 2 つがあります．S と C_{out} をまとめた真理値表が表 3.5 です．

　この真理値表をもとに，3.1.6 項の方法で論理関数を簡単化すると，出力はそれぞれつぎのようになります．

$$S = \bar{C}_{in}\,\bar{X}Y + C_{in}\,\bar{X}\bar{Y} + \bar{C}_{in}\,X\bar{Y} + C_{in}\,XY$$

$$C_{out} = C_{in}\,X + C_{in}\,Y + XY$$

　これを論理回路として表現したものが図 3.10 になります．この回路は，S と C_{out} が独立したものになっており，それぞれ単独で見た場合は，もっとも簡単な構成になっています．ただし，S と C_{out} が共有する中間的な回路を用意することで，さらに簡単にすることができます．どのような回路になるのか，考えてみてください．

　このように，桁上げを考慮した加算器を**全加算器**（full adder）と呼びます．このような加算器を必要な桁数分並べて接続することで，任意の桁数の加算を実現することができます．図 3.11 に 2 進数 32 桁の加算器の構成例を示します．最下位の桁の加えられる数を X_0, Y_0 とし，加算結果を S_0 とします．また，桁上げの結果 C_{out} は，1 つ上位の桁の C_{in} に接続します．

　なお，この構成では，桁上げの計算結果は最下位の桁から順番に最上位の桁まで回路を伝搬していくため，最上位桁の計算結果が確定するまでに長い時間がかかってしまうという欠点があります．この欠点を改良するため，先に各桁の桁上げの計算結果を求めてしまうように構成した，桁上げ先見加算器（carry look-ahead adder）が考案されています．

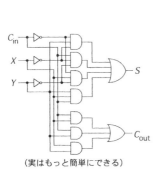

図 3.10　1 ビット全加算器の例

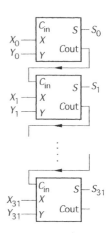

図 3.11　2 進数 32 桁の加算器の構成例

b. デ コ ー ダ

デコーダ（復号器）は，入力信号を 2 進数の値とみなし，複数ある出力のうち，その 2 進数の値に対応する出力の信号を選択する回路です．2 進数を解読する回路ということができます．ここでは簡単な例として，2 ビットデコーダを取り上げます．2 進数の値 $A = (A_1\ A_0)_2$ を入力とします[†]．2 ビットなので，四種類の値を表現することができるため，これに対応して出力は D_0, D_1, D_2, D_3 の 4 つを用意します．A が 0 ならば $D_0 = 1$, A が 1 ならば $D_1 = 1$, A が 2 ならば $D_2 = 1$, A が 3 ならば $D_3 = 1$ を出力します．真理値表を表 3.6 に，回路を図 3.12 に示します．

3.2.2　順 序 回 路

3.2 節の初めに述べたとおり，順序回路は，ある時点の入力信号と，過去の入力信号を合わせて出力信号が決まる回路です．内部に状態をもつ，あるいは記憶をもつ回路ということができます．一般に，順序回路はつぎのように表現できます．

図 3.13 に示すように，回路内部に状態 S が記憶されており，ある時刻での出力 Z および次の時刻の状態 S' は，そのときの入力 X と状態 S によって決まります．

これを式で表現すると以下のように表すことができます．

[†]　$(\cdots)_2$ は 2 進法で表された値を意味します．

表 3.6　2 ビットデコーダの真理値表

A_1	A_0	D_0	D_1	D_2	D_3
0	0	1	0	0	0
0	1	0	1	0	0
1	0	0	0	1	0
1	1	0	0	0	1

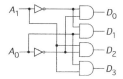

図 3.12　2 ビットデコーダの構成例

図 3.13　順序回路

$$Z = f(X, S)$$

$$S' = g(X, S)$$

　順序回路の動作は**図 3.14** に示すような**状態遷移図**（state transition diagram）で記述することができます．状態を示す記号を○印の中に書き，状態間の遷移を矢印で表します．また，矢印の上にその遷移が生じるときの入力値と，そのときの出力値を書きます．

　ジュースの自動販売機を例にとって，状態遷移図を説明しましょう．自動販売機の仕様を，つぎのように定めます．

（i）　150 円でジュース 1 本を販売する．

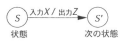

図 3.14　状態遷移図

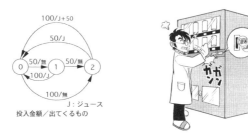

図 3.15　ジュースの自動販売機の状態遷移図

（ii）　50円硬貨および100円硬貨のみが使用できる.

（iii）　200円を投入した場合，ジュースとともに50円の釣り銭が出る.

図 3.15 がこの自動販売機の状態遷移図になります．入力は入れたお金，出力は出てくるジュースと釣り銭に対応します．状態0はまだお金を入れていない，最初の状態です．この状態で50円を入れると状態1に，さらに50円を入れると状態2になります．また，状態0から100円を入れると直接状態2に遷移します．状態1は自動販売機に50円が投入された状態，状態2は100円が投入された状態ということができます．状態0から状態1および状態2，状態1から状態2の遷移では，まだジュースは出ないので，矢印の出力部分の記述は「無」としてあります．

状態1で100円を入れると，ジュースが出て最初の状態0に戻ります．状態2で50円を入れると，同様にジュースが出て状態0に戻ります．また，状態2で100円を入れると，ジュースと釣り銭50円が出て状態0に戻ります.

a.　RS フリップフロップ

フリップフロップは，1ビットの情報を記憶することができる，もっとも基本的な順序回路です．ほかの順序回路を構成するときの基本構成要素でもあります．フリップフロップの中でも基本的なものとされるのが，RS フリップフロップです．S（set）と R（reset）の2つの入力をもつことから，この名前が付いています．図 3.16 に RS フリップフロップを表す記号を，図 3.17 に状態遷移図を示します．状態遷移図の矢印の入力部分は，S と R の値を並べたものになっています.

状態 $Q=0$ のとき，$S=0$, $R=1$ の入力があると，状態は0のままで変わりませんが，$S=1$, $R=0$ の入力があると状態 $Q=1$ に移ります．状態 $Q=1$ のとき，$S=1$, $R=0$ の入力があると，状態は1のままで変わりませんが，$S=0$, $R=1$ の入

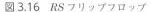

図 3.16　RS フリップフロップ

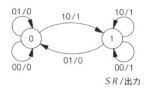

図 3.17　RS フリップフロップの状態遷移図

力があると状態 $Q=0$ に移ります．また，$S=0$, $R=0$ の入力があるときは，いずれの状態においても状態は変わりません．$S=1$, $R=1$ は禁止入力とし，状態遷移図上には記述しません．実際の回路で強引にこの入力を与えた場合の動作は予測できず，不定となります．出力 Z は次の状態 Q を示す値となります．

b.　D フリップフロップ

図 3.18 に D フリップフロップを表す記号を示します．入力は D（データ），T（クロック）の 2 つ，出力は Z で，次の状態を示します．また，状態遷移図の代わりに，D フリップフロップの動作を示すタイムチャートを図 3.19 にあげます．タイムチャートは，各信号が時間とともに変化する様子を示したものです．ここでは，入力 D, T に対して出力 Z（$=Q$）がどのように変化するかを表しています．

　D フリップフロップの状態 Q は，入力 T が 1 のときだけ変化することができ，そのときの入力 D の値に等しくなります．また，この状態 Q そのものが出力 Z になります．このときの T のように，回路が動作を変化させるタイミングを決める信号を，一般に**クロック信号**と呼びます．

　データ（D）の値が変化しても，それが出力に反映されるためにはクロック（T）が 1 になるまで待たされる，つまり遅延（delay）されることから，D（delay）フリップフロップの名称が付いています．D フリップフロップには，RS フリップフロップのような禁止入力がないため，より使いやすい回路であるということ

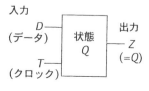

図 3.18　D フリップフロップ

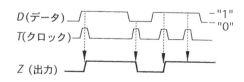

図 3.19　D フリップフロップのタイムチャート

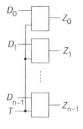

図 3.20　レジスタ

ができます.

c. レ ジ ス タ

レジスタは，複数ビットの情報をまとめて記憶する論理回路です．n ビットの情報を記憶する場合，図 3.20 のように D フリップフロップを n 個接続し，クロック信号 T を共通にして実現します.

3.3　コンピュータの種類

ここでは，現在利用されているコンピュータを分類し，それぞれの特徴と主な用途について述べます.

a.　スーパーコンピュータ

大規模な科学技術計算を行うためのコンピュータです．他のコンピュータと比較して，もっとも高い計算能力をもちます．代表的な利用例には天気予報のための気象予測シミュレーションがあげられます.

科学技術計算とは，簡単にいえば大量の浮動小数点演算です．浮動小数点とは，コンピュータ上で 1.2345 のような小数を含む値を表現するための手法です．このような値の計算は，整数値のみの計算と比べて非常に時間がかかるため，精度の高い科学技術計算を実現するためには，非常に高い計算能力が求められるわけです.

b.　大型汎用コンピュータ（メインフレーム）

企業等の大きな規模の組織における基幹業務などに使用される大型コンピュータです．銀行等の金融機関の勘定系システムや，各種交通機関における座席予約管理システムなどで用いられています．大型汎用コンピュータでは，大量のデータ処理を高速かつ安定的に実行することが求められます．大量のデータを管理す

るためのソフトウェアをデータベース管理システムと呼びますが，大型汎用コンピュータは，このデータベース処理（トランザクション処理と呼ばれます）を行う場面で非常によく利用されます．コンピュータ上でデータの入出力を行う I/O 部の性能が特に高くなるような設計となっていることが特徴です．

c. サ ー バ

ネットワークを介して他のコンピュータに対し何らかの機能・サービスを提供するために用いられるコンピュータのことをサーバと呼びます．電子メールの送受信サービスを提供するメールサーバ，WWW（World Wide Web，ウェブ）上のコンテンツやサービスを提供するウェブサーバ，データベースの読み書き機能を他のコンピュータに提供するデータベースサーバなど，用途に応じたさまざまなサーバが存在します．

一方，ネットワーク経由でサーバにアクセスし，サーバが提供する機能やサービスを利用するコンピュータのことを**クライアント**と呼びます．クライアントとして用いられるコンピュータとしては，つぎに紹介するパソコンやモバイルデバイスがあげられます．

また，このように，クライアントとサーバがネットワーク上でやりとりしながら処理を進める方式を，一般にクライアント・サーバモデルと呼んでおり，コンピュータを用いたシステムの多くで採用されています．

通常，サーバは複数のクライアントからのサービス要求に対応する必要があります．そのため，サーバとして用いられるコンピュータは，比較的高性能なものになることが一般的です．

d. パ ソ コ ン

パソコンはパーソナルコンピュータ（Personal Computer）の略称で，個人が占有的に使用するために作られたコンピュータに対する名称です．私たちが日常的にもっとも頻繁に利用するコンピュータが，パソコンでしょう．パソコンは，机上に設置して使用するタイプのデスクトップパソコンと，持ち運びがしやすいようコンピュータ本体，キーボード，ディスプレイなどが一体となったノートパソコンの二種類に大別できます．パソコン上で動作する代表的なオペレーティングシステム（Operating System，OS）としては Windows，macOS，Linux があげられます．

e. モバイルデバイス（スマートフォン，タブレット）

近年は，スマートフォン，タブレットといったモバイルデバイスが広く普及し

てきています．これらは，ノートパソコンよりもさらに携帯性に優れています．スマートフォンは携帯電話を発展させ，電話機能以外のさまざまなサービスの利用を可能にしたものです．スマートフォンの性能の向上は著しく，単純な処理能力ではノートパソコンと同等か，あるいはそれ以上となっています．タブレットは，スマートフォンから電話機能を省略する代わりに画面を大型化し，使いやすくしたデバイスとみなすことができます．これらのデバイスの普及台数の伸びは非常に大きく，現在もっとも多くの利用者がいる種類のコンピュータとなっています．モバイルデバイスで用いられる代表的な OS としては Android，iOS があげられます．

3.4　コンピュータの構成要素

　ここでは，3.3 節で述べたコンピュータのうち，主にパソコンを対象として，コンピュータを構成する各要素について紹介します．

3.4.1　マザーボード

　マザーボードは，コンピュータのケース内に設置される電子回路基板です．コネクタ，スロット，ソケットといった部品を接続するための端子をもち，それらが基板上の回路で接続されています．コンピュータの構成要素となる部品すべては，何らかの形でこのマザーボードに接続されていることになります．

3.4.2　CPU

　CPU（Central Processing Unit）は，コンピュータの心臓部分ともいえる部品です．日本語では**中央演算処理装置**と呼ばれます．メモリから命令を読み出し，それに従って計算を行い，その結果をメモリに出力することがもっとも基本的な機能です．また，コンピュータ上に接続されたさまざまな装置の制御も担当します．
　CPU は，通常マザーボード上の CPU ソケットに接続されています．

3.4.3　メ　　モ　　リ

　コンピュータ上には，さまざまな箇所にデータを記憶させるためのメモリと呼ばれる部品が存在します．
　そのうちのメインメモリは，**主記憶装置**とも呼ばれ，CPU とともにコンピュー

タの構成要素の中でもっとも重要な位置を占める部品です．CPU への動作指示を記述した機械語命令プログラムや，CPU が計算で使用するデータを記憶します．現在のコンピュータでは通常，メインメモリには DRAM（Dynamic RAM）と呼ばれる半導体記憶装置を用います．DRAM はコンデンサ（またはキャパシタ）を記憶素子として使用しており，通電している間のみデータを記憶することが可能です．そのため，コンピュータの電源を切るとメモリ上のプログラムやデータはすべて消えてしまいます．電源を切ってもプログラムやデータが消滅しないようにするためには，あとで述べるハードディスク装置に代表される二次記憶装置を利用します．メインメモリは，通常マザーボード上のメモリスロット（またはメモリソケット）に接続します．

　また，**キャッシュメモリ**と呼ばれる，CPU とメインメモリの間に存在するメモリがあります．CPU の動作速度に比べるとメインメモリの動作速度は遅いため，CPU がメインメモリの読み書きを行う際に，どうしても CPU には待ち時間が生じてしまい，動作効率が悪くなってしまいます．そこで，メインメモリよりも動作速度の速いキャッシュメモリを用意し，頻繁に使用するデータをメインメモリからキャッシュメモリにコピーしておくことで，動作効率を向上させています．通常，キャッシュメモリには SRAM（Static RAM）と呼ばれる半導体記憶装置を用います．SRAM は 3.2.2 項で述べたフリップフロップを記憶素子として使用しており，DRAM よりも高速に動作しますが，DRAM と比べると 1 ビットのデータを記憶するために必要な面積が大きくなるため，メインメモリに比べてキャッシュメモリの記憶可能なデータサイズは非常に小さなものとなっています．このほか，SRAM は DRAM に比べ，動作時の消費電力が大きいという特徴をもっています．

3.4.4　ディスプレイ

　ディスプレイは，コンピュータからの出力を表示するための装置です．ディスプレイの画面上に表示することで，利用者は視覚的に出力結果を把握することができます．現在のほとんどのディスプレイは，液品ディスプレイと呼ばれる種類のものとなっています．ディスプレイの画面は，多数の細かい点（ドット）で構成されており，これを画素（ピクセル）と呼びます．画面上にカラーの絵や文字を出力するためには，コンピュータ上ですべての画素の色と明るさを決め，それに従ってディスプレイを制御し，画素を発光させる必要があります．各画素の色

と明るさの情報は，コンピュータ内にあるビデオメモリ（VRAM）に記憶され，一定の間隔でディスプレイ装置に転送されます．

3.4.5　ハードディスク装置

　メインメモリが主記憶装置と呼ばれるのに対し，ハードディスク装置は二次記憶装置，または補助記憶装置と呼ばれます．その名のとおり，主記憶装置をサポートする役割をもつ装置です．補助記憶装置の代表的なものが，ハードディスク装置です．

　メインメモリは，コンピュータの電源を切ると，それまで記憶していた内容をすべて忘れてしまいます．つまり，電源投入直後のコンピュータのメインメモリは空の状態となっています．これに対して，補助記憶装置は，電源を切っても記憶していた内容は消えないという特性を備えています．また，メインメモリと比べると，はるかに大容量のデータを記憶することができます．

　コンピュータは，電源投入後，まずハードディスク等の補助記憶装置から，OSのプログラムをメインメモリに読み込み，OSを起動します．その後，利用者の操作に従って，さまざまなアプリケーションソフトウェアのプログラムを，同様にハードディスクからメインメモリに読み込んでから起動します．

　すなわち，コンピュータを動作させるためには，あらかじめハードディスクにOSやアプリケーションソフトウェアなどの必要なプログラムを書き込んでおく必要があります．この作業のことを一般にインストールと呼びます．

　また，アプリケーションソフトウェアは，さまざまなデータの読み書きを行います．例えばワードプロセッサで作成した文書データは，編集時はメインメモリ上に記憶されていますが，終了時には，電源を切っても消滅しないよう，ハードディスク上に保存されます．

　ハードディスク装置では，プラッタと呼ばれる磁性体でできた円盤上に，情報を磁気的に記憶します．図 3.21 に示すように，プラッタを 1 枚から数枚重ねて回転させ，磁気ヘッドにより読み書きができるようにしています．

　最近では，補助記憶装置として，ハードディスク装置の代わりに SSD（Solid-State Drive）と呼ばれるものが使われるようになってきています．SSD の動作原理はハードディスク装置とはまったく異なり，通常，フラッシュメモリと呼ばれる半導体メモリを使用しています．動作原理は異なりますが，補助記憶装置としての使用方法はハードディスク装置と同様です．フラッシュメモリを用いるこ

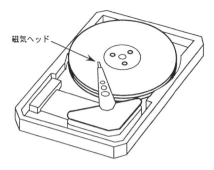

図 3.21 ハードディスク装置

とで，ハードディスクよりも大幅に高速な動作を実現し，コンピュータシステム
全体の性能向上を実現することができます．

3.4.6 取り外し可能な記憶装置

ハードディスク装置は，コンピュータに内蔵する形で使用することが多く，そ
のままでは記憶内容を持ち運び，他のコンピュータで利用することは困難です．
そのため，さまざまな種類の取り外し可能な記憶装置が用意されています．

現在使用されているものとしては，CD-ROM，DVD-ROM，BD-ROM 等の
光ディスクと呼ばれる種類のメディアを用いたものや，USB メモリドライブ，
SD メモリカード等の，フラッシュメモリをメディアとして用いたものなどがあり
ます．また，リムーバブルハードディスク装置と呼ばれる，ハードディスク装置
に取り外しが容易な USB 端子を接続したものなどもあります．

これらは，プログラムやデータの移動に使用されるほか，ある時点におけるプ
ログラムやデータのコピーを保存しておくためのバックアップなどにも用いられ
ます．

3.4.7 入 力 装 置

現在のコンピュータシステムにおける代表的な入力装置として，まずキーボー
ドがあげられます．キーボードは，文字や記号に対応した多数のボタンが並べら
れた機器であり，文字情報の入力に適しています．また，最近は，音声認識技術
の向上により，コンピュータに接続されたマイクを通して音声を入力し，それに
よってコンピュータの操作を行うことも可能になっています．

　また，現在のコンピュータシステムでは GUI（Graphical User Interface）と呼ばれる，ディスプレイ上に表示されたポインタやアイコンを直接操作する入力手法が普及していますが，このときに画面上の操作対象を指示するための，ポインティングと呼ばれる入力装置が必要になります．マウスはその1つであり，本体をもち，机の上などで上下左右に移動させることで，2次元の移動量をコンピュータに伝えます．コンピュータはその移動量に従って，画面上のポインタなどを移動させます．また，マウスには1つ以上のボタンがあり，それを押すことで，画面上のポインタが存在する位置を選択したことを通知することができます．マウスと同様の目的で使用されるポインティングデバイスとしては，ほかにボールを回転させることで移動量を読み取らせるトラックボールや，ノートパソコンでよく使用されるタッチパッド（またはトラックパッド）などがあります．

　そのほか，スマートフォンやタブレット端末などでは，画面を直接タッチすることで GUI 操作を行うことが一般的ですが，これは，スマートフォンやタブレット端末で利用されている画面表示部分が，単なるディスプレイではなく，**タッチパネル**という入力装置を兼ねていることによって実現されています．画面上のどの部分を触ったかが座標情報として検知できるため，マウス等を用いた方式よりも，より直接的な操作を実現することができます．

　つぎに，画像情報を入力する装置をいくつか取り上げます．写真や印刷物など，紙に印刷された内容を画像情報としてコンピュータに取り込むための機器として，イメージスキャナがあります．これは，原稿に対して光を当て，反射された光の強度を CCD（Charge Coupled Device）素子などを用いて読み取り，デジタルデータに変換します．これによって，紙に印刷された情報をコンピュータ上のデータとして取り扱うことが可能になり，例えばワードプロセッサ文書内に取り込んだり，ウェブページを構成するコンテンツとして利用したりすることが可能になります．

　また，デジタルカメラは，イメージスキャナと同様，CCD 素子を利用することで，レンズを通して入射した光をデジタルデータに変換します．単体のデジタルカメラ製品のほか，ノート PC，スマートフォン，タブレット端末には，多くの場合このデジタルカメラ機能が初めから内蔵されています．デジタルカメラは，イメージスキャナと同様，静止画像データを作成し保存することができますが，それに加えて，動画像データを取り込むこともできます．動画像撮影のほか，ビデオチャットのための入力装置としても使用することが可能です．

3.4.8 出力装置

　3.4.4 項においてディスプレイを取り上げましたが，ディスプレイは代表的な出力装置の1つです．ここでは，そのほかの出力装置を取り上げます．

　プリンタは，紙に対してインクやトナーを用いて出力する装置です．現在広く使用されているプリンタとしては，インクジェットプリンタとレーザプリンタの2種類があります．インクジェットプリンタは，プリンタ装置内のノズルからインクを紙に吹き付けることで印刷を行います．比較的安価にカラー印刷を行うことができるため，家庭用プリンタとして広く普及しています．ノズルを搭載したヘッドを移動させながら印刷を行うため，印刷速度がそれほど高くできないことが欠点となります．レーザプリンタは，一般的なコピー機と同じ原理で印刷を行います．プリンタ装置内の感光ドラムに静電気を帯電させ，コンピュータから送られてきた印刷用イメージデータのパターンに従って光を照射します．照射された部分は電圧が下がります．つぎに帯電させたトナーと呼ばれる粉を，ドラム上の電圧が低くなった部分に付着させます．その後，ドラム上のトナーを印刷用紙に転写します．インクジェットプリンタと比べて，高速かつ高品質な印刷ができることが特徴です．

　プロジェクタは，ディスプレイと同様，コンピュータの画面を表示するための出力装置ですが，スクリーンに投影するという点が異なります．スクリーンに投影することで，大きな画面表示を行うことができるため，講演会におけるプレゼンテーションなどのように，多くの人が同じ画面を見る必要がある場面で利用されます．機器の動作方式には，液晶を用いた方式や，DMD（Digital Micromirror Device）という素子を用いた DLP（Digital Light Processing）方式などがあります．

3.5　ハードウェア

3.5.1　ハードウェアの機能

　現在のコンピュータは，プログラム内蔵方式と呼ばれる構成方法を採用しています．これは，コンピュータの動作手順を示すプログラムをメモリ内に格納し，メモリから順番にプログラムを読み出しながら処理を実行していくという方式です．最初期のコンピュータである ENIAC は，まだこの方式を採用していなかっ

たため，処理の手順は人間がスイッチや結線の変更といった物理的な操作によって指示する必要がありました．プログラム内蔵方式を採用することによって，このような物理的な操作が不要になり，電子回路上の動作だけで処理手順の解釈と実行を行うことができるようになりました．これによって，飛躍的に高速な処理を実現することが可能になりました．

　メモリ内に格納されるプログラムは，**機械語**（machine language）と呼ばれます．機械語は，メモリからのデータの読み出しおよびメモリへのデータ書き込み，四則演算などの計算の実行などの非常に基本的な命令群から構成されています．アプリケーションプログラムを含めたほとんどのプログラムは，現在は高水準言語と呼ばれる，機械語よりも抽象度の高い言語で記述されていますが，最終的には機械語に変換した上で，コンピュータ上で実行されます．

　コンピュータの動作に必要な機能は，加減乗除や論理演算を行う演算機能，演算結果やプログラムを記憶する記憶機能，命令の実行などを制御する制御機能，外部とのデータのやりとりをする入出力機能の4つにまとめることができます．現在のコンピュータでは，演算機能と制御機能は3.4.2項で取り上げたCPUが担当しています．また記憶機能は主に3.4.3項で述べたメモリが担当します．入出力機能は3.4.7項の入力装置および3.4.8項の出力装置が担当しています．図3.22はこのうちCPUとメモリの部分を示しています．図中のバスとは，信号線の束

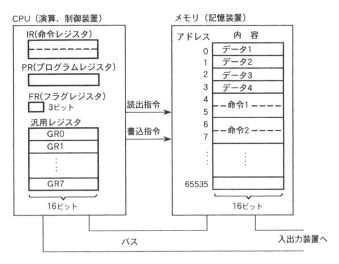

図3.22　CPUとメモリ

であり，コンピュータの構成要素間を接続し，データを伝達するために用いられます．

ここでは，ごく単純な構成のコンピュータを仮定し，それに基づいてハードウェアの働きを説明します．具体的には，情報処理技術者試験の課題となっているアセンブリ言語 CASL II のために策定された架空のハードウェアである COMET II を想定します．実際のコンピュータの CPU の構造や機械語の命令はこれよりも複雑ですが，基本的な考え方は共通しています．

a. メモリの働き

機械語のプログラムやデータは，まずメモリに記憶されてから，実行時に読み出して使用されます．コンピュータのメモリは，人間の記憶とは異なり，電子回路として構成されたものなので，何かを記憶する場合や，記憶されたものの中から必要なものを取り出す場合には，外部からの明示的な指示が必要になります．

そのためには，まず，メモリ上のどの位置に記憶させるか，また記憶を取り出すかを指示するための情報が必要です．この位置情報のことを**アドレス**（address）と呼びます．アドレスは，メモリの先頭位置から順に割り当てられた番号であり，何々番地という呼び方をします．図 3.22 の例では，0 〜 3 番地にはデータが入っており，4 番地以降には機械語のプログラムが入っている様子を示しています．

COMET II の場合，1 つの番地には 16 ビット分の情報を記憶することができます．図 3.22 における命令 1，2 はそれぞれ 32 ビットを必要とするので，2 つ分の番地にまたがっています．また，COMET II は 0 〜 65535 番地までの 65536 個のアドレスをもちます．

何かを記憶させるときは，記憶させる内容とともにアドレス情報をメモリに送ることで，指定した位置に書き込むことができます．また，記憶されたものを取り出す場合も，アドレス情報をメモリに送ると，指定した位置のメモリの内容が送り返されてきます．このような，メモリへの読み書きの指示は，CPU の仕事です．

b. CPU

CPU は，メモリから読み出した機械語の命令を解読して実行します．命令に従って演算を実行する演算装置，それを制御する制御装置などから構成されます．

COMET II の CPU には，図 3.22 に示すようなレジスタが用意されています．レジスタとは，3.2.2 項で述べたように，データを記憶する論理回路です．このうち，汎用レジスタ GR0 〜 GR7 と，フラグレジスタ（FR）は，機械語命令が使

用するためのものです．汎用レジスタのうち GR1 ～ GR7 はつぎの項目 c. で述べるインデックスレジスタとしても使用されます．また，プログラムレジスタ（PR）には，つぎに実行すべき機械語命令が記憶されているメモリのアドレスが入っています．命令レジスタ IR は，実行中の命令そのものが記憶されています．プログラムレジスタは，一般にはプログラムカウンタ（PC）と呼ばれることが多いようです．

c.　機　械　語

COMET II の機械語命令には，16 ビットの長さのものと 32 ビットの長さのものの二種類があります．ここでは 32 ビット長のものを例として説明します．

図 3.23 は機械語命令の形式を示しています．先頭の 8 ビットは命令の種類を表す命令コードです．つぎの 4 ビットはレジスタを指定するレジスタ番号，そのつぎの 4 ビットはインデックスレジスタを指定するインデックスレジスタ番号，最後の 16 ビットはメモリアドレス（以下単にアドレス）からなっています．命令コード以外の部分すべてをまとめて**オペランド**（operand）と呼びます．オペランドは，命令の処理対象を示しています．人間の用いる言語になぞらえると，命令コードは動詞，オペランドは目的語に相当すると考えられます．レジスタ番号とインデックスレジスタ番号は 0 ～ 7 の数字であり，汎用レジスタ GR0 ～ GR7 の番号部分に相当します．

COMET II における，一般的なアドレス指定方法の規則について述べます．まず，インデックスレジスタ番号が 0 のときは例外的な扱いで，機械語命令のアドレス部分の内容がそのままメモリのアドレスとして解釈されます．0 以外だったときは，アドレスの内容に，その番号の汎用レジスタの内容を加えたものが実効的なアドレスとなります．これがインデックスレジスタ GR1 ～ GR7 の使用方法であり，このような動作をアドレスの修飾と呼びます．

図 3.24 を用いてこれを説明します．図中の数値は，わかりやすくするため 10 進数で表しています（以後も特にことわらない限り 10 進で表します）．汎用レジ

図 3.23　機械語命令の形式

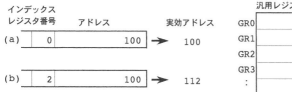

図 3.24　インデックスレジスタによるアドレスの修飾

スタが図の右部分に示す内容のとき，(a) のように機械語命令のインデックスレジスタ番号が 0 であれば，アドレス欄の値 100 がそのままその命令のオペランドのメモリアドレスになります．(b) のように番号が 2 であれば，100 に汎用レジスタの 2 番である GR2 の内容 12 が足されて，112 がその命令のオペランドのメモリアドレスになります．

　COMET II の機械語命令の一部を表 3.7 に示します．なお，機能の欄の GR はレジスタ番号で指定された汎用レジスタを，eaddr は図 3.24 で説明した実効アドレスを表すものとします．

　図 3.25 はもっとも簡単な命令実行の例です．アドレス 500 ～ 501 番地に LD 命令が[†]，502 ～ 503 番地に ADDA 命令が，504 ～ 505 番地に ST 命令があり，順に実行されていきます．これらの命令は 1000 ～ 1002 番地と GR1 をデータの記憶場所として利用しています．なお，506 番地以降も命令は続きますが，図中では省略しています．各命令のインデックスレジスタ番号は 0 なので，アドレスの欄の数値がそのまま実効アドレスになります．(a) ではメモリの 1000 番地の内容が GR1 にロードされ，(b) ではそれに 1001 番地の内容が加えられます．(c) では GR1 の内容が 1002 番地に格納されます．

　図 3.26 では，LD 命令は図 3.25 と同じですが，ADDA 命令と ST 命令はアドレス欄が 1000 で，インデックスレジスタ番号がそれぞれ 2 と 3 になっています．このため実効アドレスは GR2 または GR3 の内容が加えられて，それぞれ 1001，1002 となり，最終的には図 3.25 のプログラムと同じ動作をすることになります．

　LAD 命令の例を図 3.27 に示します．(a) で LAD 命令の実効アドレス 1000 が GR1 に入るので，アドレス欄が 0 で，GR1 をインデックスレジスタとしている (b) の LD 命令の実効アドレスは 1000 になります．

[†] 500 番地に命令コード，レジスタ番号，インデックスレジスタ番号が，501 番地にアドレスが格納されています．

表 3.7　COMET II の機械語命令

命令コード	機　能
ADDA (add arithmetic)	GR の内容にメモリの eaddr 番地にある内容を加え，結果を GR に置く
SUBA (subtract arithmetic)	GR の内容からメモリの eaddr 番地にある内容を引き，結果を GR に置く
LD (load)	メモリの eaddr 番地にある内容を GR にロード（コピー）する
ST (store)	GR の内容をメモリの eaddr 番地に格納（コピー）する
CPA (compare arithmetic)	GR の内容とメモリの eaddr 番地の内容の大小を比較し，結果を FR にセットする
JPL (jump on plus)	FR が正を示していたら eaddr 番地の命令に分岐する．負か 0 ならば何もしない
JZE (jump on zero)	FR が 0 を示していたら eaddr 番地の命令に分岐する．0 以外ならば何もしない
LAD (load address)	eaddr の値そのもの（eaddr 番地の内容ではない）を GR にセットする

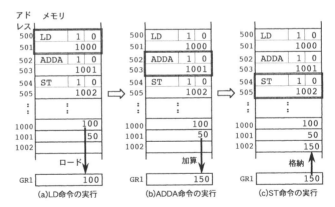

図 3.25　命令実行の例（基本）

　LD 命令ではすでにメモリ上に格納されている値がレジスタにロードされますが，LAD 命令では，機械語命令内に記述した値（図 3.27 の場合 1000）を直接汎用レジスタにロードすることができます．

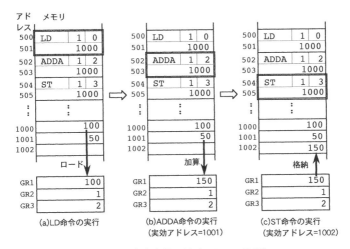

図 3.26 命令実行の例（アドレス修飾）

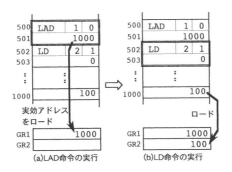

図 3.27 命令実行の例（LAD 命令）

これまでに紹介した機械語プログラムの例では，メモリに格納されている順に上から実行されていましたが，条件によってつぎの命令に進まずに，別のアドレスにある命令にジャンプすることも可能です．これをプログラムの分岐といいます．

この条件を決めているのが図 3.22 に示したフラグレジスタです．フラグレジスタは CPA，ADDA，LD などの命令が実行されると，その結果によって値がセットされる 3 ビットのレジスタです．

CPA 命令の場合，GR の内容からメモリの eaddr 番地の内容を引いた結果の値

に従って，正ならば $(000)_2$，0 ならば $(001)_2$，負ならば $(010)_2$ になります．3 ビットのうち，真ん中のビットは符号フラグと呼ばれ，値が負かどうかを表現します（すなわち，負であれば 1，正であれば 0）．右端のビットはゼロフラグと呼ばれ，値がゼロであるかどうかを表現します（ゼロであれば 1，それ以外であれば 0）．

　左端のビットはオーバーフローフラグと呼ばれ，演算結果が 16 ビットで表現できる範囲を超えたときに 1 がセットされます．CPA 命令では使用されませんが，ADDA 命令などで使用されます．

　図 3.28 は，分岐命令 JPL の実行例を示しています．ただし，この例では分岐は成立せず，上から順に命令が実行されています．（a）では LAD 命令によって GR1 に 100 がセットされます．（b）の CPA 命令では GR1 の内容から 1000 番地の内容を引いたものの正負が調べられます．結果は−20 なので，FR に $(010)_2$ がセットされます．（c）の JPL 命令は，前の演算の結果が正であるときにジャンプする命令です．今回は FR が負を示しているので，何もせずつぎに進みます．（d）（e）では，1000 番地の内容がいったん GR2 にロードされて，1001 番地にコピーされ，以降の命令の実行に進みます．（d）では LD 命令の実行結果として FR が変更されていますが，この結果は特に利用されていません．

　図 3.29 は分岐が成立する場合の例です．今回の例では（b）の CPA 命令の結果が正なので，（c）の JPL 命令によって，510 番地の命令にジャンプします．したがって 506，508 番地の命令は実行されません．図 3.28 と図 3.29 を比べてみると，プログラムはまったく同じですが，1000 番地の内容が 100 以上か，99 以下かによって実行結果が異なることがわかります．100 以上の場合だけ，その値が 1001 番地にコピーされます．この例ではジャンプ先は JPL 命令より後になっていますが，前に戻ることも可能です．

　このように，条件による分岐命令は，コンピュータを使って多彩な処理を実現することを可能にしています．

d.　機械語命令の実行機構

　ここでは，CPU が機械語をどのようにして実行しているかを，図 3.30 を用いて説明していきます．図 3.22 で説明したことの復習になりますが，PR にはつぎに実行すべき命令が入っているメモリのアドレス，IR には実行中の命令の内容そのものが入っています．CPU とメモリの間のバスは，アドレス情報を転送するためのアドレスバスと，データや機械語命令を転送するためのデータバスの二種類が用意されており，それぞれ 16 本すなわち 16 ビット分の信号線から構成されて

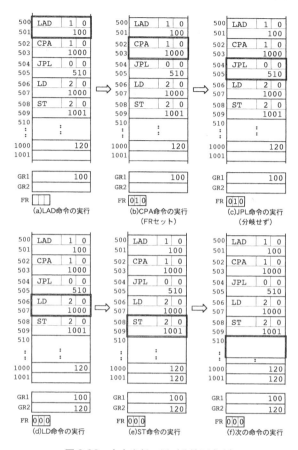

図 3.28 命令実行の例（分岐不成立）

います.

さて，ADDA 命令を例にとってデータの流れを説明しましょう.

① CPU は PR の内容をアドレスバスにのせ，その番地のメモリの内容の読み出しを要求する.メモリは当該番地の内容（今回の例では ADDA 命令）をデータバスにのせる.

② CPU はデータバスの内容を IR に取り込む.

③ IR の上位 8 ビット（命令コード）を解読する.命令が ADDA であることがわかる.

④ IR の下位 16 ビットと，インデックスレジスタ番号で指定された汎用レジ

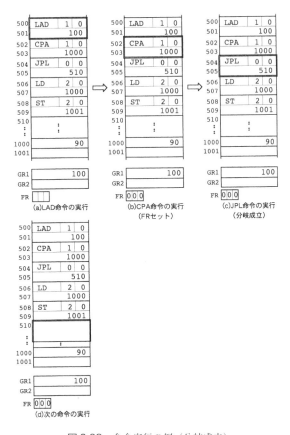

図3.29　命令実行の例（分岐成立）

スタの内容から実効アドレスを計算し，アドレスバスにのせて，その番地の
メモリ内容の読み出しを要求する．メモリは内容をデータバスにのせる．

⑤　CPUはデータバスのデータを演算装置に取り込み，レジスタ番号で指定
された汎用レジスタの内容と加算し，結果をそのレジスタに入れる．

⑥　計算結果の正負に応じてFRをセットする．

⑦　PRの値を2増やす．すなわち，つぎのアドレスの命令を指し示すように
する．

これでADDA命令の実行が完了となります．以降，各命令について同様に①
〜⑦の動作が繰り返されます．なお，JPL命令だけは，つぎのように，かなり異なっ

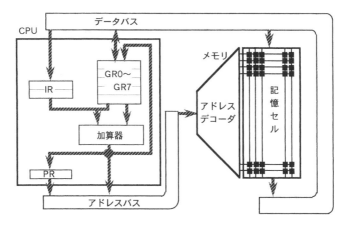

図 3.30　命令実行時のデータの流れ

た動作となります.

① ～ ② は ADDA 命令と同じ.

③　IR の上位 8 ビット（命令コード）を解読する. 命令は JPL であることが
わかる.

④　FR が正を表していた場合, IR の下位 16 ビットと, インデックスレジス
タ番号で指定された汎用レジスタの内容から実効アドレスを計算し, その結
果を PR にセットする（分岐成立）. 負の場合は PR の値を 2 増やす（分岐不
成立）.

3.5.2　ハードウェアの構成方式

ハードウェアの性能向上のため, これまでに, さまざまな工夫, 手法が提案さ
れてきました. それらのうち特に重要なものについて, 簡単に紹介します.

a.　CISC と RISC

高機能な CPU を設計する方針の 1 つとして, CISC（Complex Instruction
Set Computer）というものがあります. これは, 機械語 1 命令で高度な処理を実
現することを目指すもので, 機械語命令の種類は多くなり, 回路は複雑になります.

これに対し, RISC（Reduced Instruction Set Computer）では, 機械語 1 命
令では単純な処理のみを実現し, また機械語命令の種類も少なく抑えます. 結果
として, 回路を簡単にすることができ, 実行速度を上げることが容易になります.

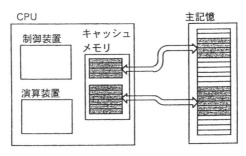

図3.31 キャッシュメモリ

現在のCPUは,双方の特性を取り入れた設計を採用するものが多くなってきています.

b. キャッシュメモリ

CPUの速度に比べ,DRAMで構成される主記憶装置(メモリ)の速度はそれほど速くありません.そのため,CPU上で計算が完了しても,その結果をメモリに書き込む動作や,次のデータを読み出す動作に非常に時間がかかってしまい,CPUの使用効率が悪くなってしまいます.そこで,DRAMよりも小容量ですが高速なSRAMを用いて,図3.31に示すように,CPUと主記憶の間に**キャッシュメモリ**(cache memory)と呼ばれるメモリ領域を用意します.キャッシュメモリには,主記憶のうち,よく使われている部分のコピーを転送しておきます.キャッシュメモリの内容が書き換えられた場合は,あとでまとめて主記憶に転送します.CPUとキャッシュメモリの間のデータ転送は非常に高速に行うことができるため,CPUの利用効率を上げることが可能になります.

c. パイプライン制御

一般に,CPUの命令実行処理は,命令読み出し,命令コードの解読,実行,結果の書き込みという段階に分けることができます.各段階の処理は,CPUを構成する論理回路上の異なる部分で実行されています.これは,1つずつ順番に命令を実行する場合,ある段階の処理を実行しているときは,他の段階の処理を担当する論理回路は使われていないことを意味します.いわば,CPU上に何もせず暇になってしまっている回路が存在している状況になっています.

パイプライン制御は,この問題を解決する手法です.図3.32に示すように,複数個の命令の異なる段階の処理を並列に実行することによって,最大で4命令

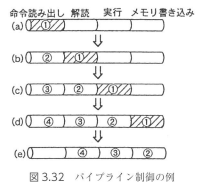

図 3.32　パイプライン制御の例

分の処理を同時に進めることができます．これは，ちょうどベルトコンベアに乗っ
た製品を，流れ作業で加工していくことに似ています．

　（a）は，命令読み出し回路が命令①を読み出しているところです．（b）では，
命令①は解読処理の段階に進み，命令読み出し回路は命令②の処理に移ります．
以下，同様にして命令の処理を進めていきます．各命令は 4 つの段階を経て実行
が完了しますが，最も効率のよい状況では，全体で見ると 1 つの段階を実行する
ために必要な時間ごとに 1 つの命令が処理されることになり，この例ではパイプ
ライン制御を行わない場合と比べて 4 倍高速になったとみなすことができます．

　ただし，このようなことが可能になるのは，命令の実行順序がわかっている場
合に限られます．前述の JPL 命令などが実行される場合，つぎに実行される命令
が二通り考えられますから，どちらが実行されるかが確定するまで待つか，パイ
プラインを二本設けて両方の実行を進めてしまうなどの対処が必要になります．
また，ある命令での計算結果を，すぐ後の命令で使うような場合も，問題が発生
します．

d. 割り込み

　割り込みとは，プログラムの実行中に，優先的に処理しなければならない事象
が発生した場合，現在実行中のプログラムを一時的に停止し，別の処理を実行す
ることを可能にする機能です．割り込みの発生要因は下記のように分類できます．

　① ハードウェアエラーの発生

　メモリ読み出し中や，計算の途中にパリティエラーが検出された場合など，同
じ処理を何度か繰り返してみて，改善されないようであればコンピュータを停止
させます．

②　プログラム異常の発生

実行しようとした機械語の命令コードが存在しない命令コードだった，割り算命令で 0 除算を行ったなど，プログラムの実行が不可能になったときに発生します．OS に制御を戻し，プログラムを停止するなどの措置をとることが一般的です．

③　システムコール命令の実行

機械語命令の中に，システムコール命令（スーパーバイザコール命令）と呼ばれるものがあります．これは，プログラム中で意図的に割り込みを発生させるために用意された命令で，アプリケーションプログラムが OS の機能を呼び出して利用したい場合などに使われます．

④　外部からの割り込み要求

周辺装置は，CPU やメモリに比べると動作速度は非常に遅いものということができます．そのため，CPU が周辺装置にデータの読み出し要求を出した後，実際にデータが届くまで待っていると，大変な時間の無駄になります．そこで，CPUは読み出し要求を出した後は別の仕事を進めるようにし，読み出しが終わった時点で周辺機器から割り込みをかけてもらうという方法をとります．このほか，ネットワークやキーボードからの外部割り込み要求もあります．

これらの割り込み処理は，ほとんど OS が行います．したがってハードウェアとしては，割り込みが起きたら，その種類によって，あらかじめ決めてあるアドレスに格納された処理プログラムを起動させればよいことになります．ただし，割り込みがあったときに動いていたプログラムは，割り込み処理終了後，中断から復帰できるようになっていなければなりません．そのため，プログラムレジスタやフラグレジスタの内容を保存しておく必要があります．

3.6　ソフトウェア

3.6.1　ソフトウェアとは何か

コンピュータは，ハードウェアとソフトウェアで構成されるといわれます．ハードウェアとは，コンピュータの機械部分，すなわち電子回路，キーボード，ディスプレイなどの全体を指します．ソフトウェアとは，コンピュータシステムを構成する機械以外の部分，すなわちプログラムとデータ部分であり，物理的に目に見えることはありません．

コンピュータが普通の機械と異なる点はソフトウェアの働きにあるということ

ができます．ソフトウェアがなければ，コンピュータはまったく動作せず，何の仕事も行いません．また，同じハードウェアのコンピュータでも，ソフトウェアを入れ替えることでまったく異なる仕事を行うことができます．1つの機械でさまざまな仕事をこなす万能性をもったものがコンピュータであるといえます．

　また，ソフトウェアのもつ特徴の1つとして，ハードウェアに比べて寿命が長いということがあげられます．例えば最近のパソコンの場合，5年程度使用したら新しい機種のものに交換することはごく普通に行われますが，パソコンで使用するソフトウェアはもっと長い期間使い続けられることが多くあります．そのため，ハードウェアが変更されたとしても，同じソフトウェアを使い続けることができるようにするための仕組みが求められるようになっています．

3.6.2　システムソフトウェアとオペレーティングシステム

　システムソフトウェアは基本ソフトウェアとも呼ばれ，コンピュータハードウェアの管理や制御を行うことで，他のソフトウェアのための基盤となる機能を提供します．オペレーティングシステム（Operating System, OS）がその代表ですが，そのほか，インタプリタやコンパイラといった各種プログラミング言語のための言語処理系プログラムや，周辺機器とOSの仲介を行うデバイスドライバなどもシステムソフトウェアの仲間とみなされる場合があります．

　OSは，コンピュータの利用者がシステムを効率よく使用できるようにするためのさまざまな機能を提供します．また，異なるハードウェアの違いを吸収し，さまざまなコンピュータ上で同じOSを稼働させることで，利用者は違いを意識することなく作業することが可能になります．

　OSがもつ管理機能には，ジョブ管理，プロセス管理，記憶管理，ファイル管理，通信管理があげられます．以下，それぞれの機能について述べます．

　（1）　ジョブ管理

　利用者がOSに与える仕事をジョブ（job）と呼びます．すなわち，ジョブとは人間から見たときの仕事の単位であるということができます．OSは多数のジョブを効率よく実行するよう制御を行います．

　（2）　プロセス管理

　プロセス（process）はタスク（task）とも呼ばれ，実行中のプログラムのことを指します．コンピュータから見たときの仕事の基本単位となります．通常，1つのジョブは1つ以上のプロセスから構成されます．

　現在の多くのOSが備える機能の1つに，時分割多重処理方式によるプロセスの実行機能があります．これは，多数のプロセスがあるときに，非常に短い時間間隔で切り替えながら複数のプロセスを少しずつ実行していく機能です．切り替えの時間間隔が短いため，利用者から見た場合，複数のプロセスが同時に実行されているように見えることになります．

　図3.33（a）に示すように，1つのプロセスを実行する場合，CPUが処理を行っている時間と，補助記憶装置や周辺機器とのやりとりを行っている時間が交互に現れます．補助記憶装置や周辺機器とのやりとりを行っている間，CPUは処理を進めることができず，利用効率が悪くなっています．そこで，図3.33（b）に示すように，プロセス1が補助記憶装置や周辺機器とのやりとりを行っている間は，別のプロセス2の処理をCPUが進めるようにすることで，CPUを休ませることなく利用することができるようになります．

　このように，多重処理を行うことによって，補助記憶装置や周辺機器との処理を行っている期間もCPUを用いた処理を進めることができるようになるため，1つずつプロセスを順番に処理する場合と比較して，無駄な待ち時間の発生を抑制することが可能になっています．

　以上のようなプロセス管理機能においては，プロセスの実行順序を決める**スケジューラ**（scheduler）が重要な役割を果たしています．

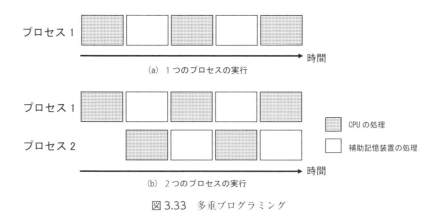

図3.33　多重プログラミング

(3) 記 憶 管 理

主要な機能として，補助記憶装置からプログラムやデータを読み込み，主記憶装置の領域にそれらの配置場所を割り当て，書き込むことで，プログラムの実行のための準備を行う機能があげられます．また，実行中のプログラムが主記憶装置上のデータを書き換えるときに，許可されていない領域のデータの書き換えを防ぎ，他のプログラムへの悪影響が出ないようにする記憶保護の機能があります．

さらに，主記憶装置の領域の大きさ以上の記憶領域の使用を可能にする，**仮想記憶**（virtual memory）機能があります（図 3.34）．仮想記憶を使用する場合，実際に使用する主記憶とは独立に，各プログラムに独立したアドレス空間を割り当て，そのうち処理中の部分だけを主記憶上で実行します．仮想記憶の記憶領域は実際には補助記憶上に用意され，その一部だけが主記憶にある状態となります．

記憶領域はページと呼ばれる単位で管理され，仮想記憶上の番地の内容を読み書きする際には，ページの管理表によって，それが主記憶上のどの番地に対応するかが決定されます．読み書きする番地のページが主記憶上にない場合は，必要なページが補助記憶から主記憶上に読み込まれます．このとき，代わりに主記憶から補助記憶へ追い出すページを決める必要があります．このページには，それまで最も長い間参照されなかったなど，その後に読み書きされる可能性が低いものが選ばれます．

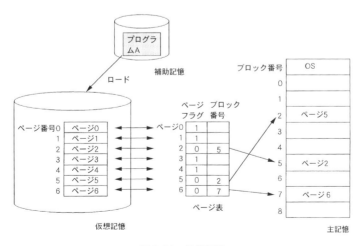

図 3.34　仮想記憶

　仮想記憶によって，主記憶と補助記憶との間での情報のやりとりを自動化することが可能になり，主記憶の大きさの制限を考慮せずに，ソフトウェアを作成することが可能になりました．仮想記憶機能を実現するためには，OSだけでなく，ハードウェア上で，各プログラムのアドレス（論理アドレス）から実際の主記憶（物理アドレス）への変換を行う機能を用意する必要があります．

　（4）　ファイル管理

　ファイル（file）とは，ハードディスクなどの補助記憶上に格納された，ひとまとまりのプログラムや各種データです．必要に応じて主記憶に読み込まれ，使用されます．ファイルには名前（ファイル名）が付けられ，ディレクトリ（directory）と呼ばれる登録簿にその種類，大きさ，作成日時，アクセス権限情報などのデータと共に登録されています．ディレクトリは，その一部分としてサブディレクトリを含むことができ，階層構造を構成することができます．

　OSは補助記憶上のファイルを管理するほか，ファイルの探索や更新など，ファイルに関するさまざまな操作機能を提供しています．

　（5）　通　信　管　理

　コンピュータ間のデータ通信機能を管理します．この機能によって，ネットワークに接続されたコンピュータは，他のコンピュータの記憶領域を自分自身の記憶領域と同様に使用したり，自分のコンピュータを通して他のコンピュータを自由に使用したりすることができます．

3.6.3　アプリケーションソフトウェア

　アプリケーションソフトウェア（application software）とは，コンピュータシステムの利用者が実際の仕事を行うために用いるソフトウェアであるということができ，さまざまな分野・目的・種類のものが存在します．

　企業などが，自社の業務のための専用のソフトウェアをソフトウェア開発会社に受託開発の形で発注し，作成されたものは，カスタムソフトウェアと呼ばれます．これに対し，市販され，広くさまざまな企業，個人が入手できるような形態で配布されるソフトウェアは，パッケージソフトウェアと呼ばれます．パッケージソフトウェアは，カスタムソフトウェアに比べ，汎用性があるアプリケーションソフトウェアであるということができます．代表的なパッケージソフトウェアにはつぎのようなものがあります．

ワードプロセッサ

仕事におけるコンピュータの利用目的の大きなものの1つに文書作成があり，そのためのソフトウェアがワードプロセッサ（ワープロ）です．ワープロは，文の移動，複写，検索などの編集機能に加えて，作表・作図や書式設定，文章の誤り訂正機能なども備えています．

グラフィック用ソフト

コンピュータを使用して作成された絵や図をコンピュータグラフィックス（computer graphics）と呼びます．2次元（平面）および3次元（立体）用のグラフィックソフトがありますが，ここでは2次元用のものについて述べます．

このためのソフトウェアには，円や矩形に加えて自由曲線の作図機能で作られた線の情報から図を構成するドロー（draw）型と，スキャナやデジタルカメラなどから取り込んだ絵や写真を画素（pixel）単位で操作するペイント（paint）型があります．

表　計　算

表計算ソフトウェアを用いることで，家計簿や統計処理と行った各種データ処理を簡便に行うことができます．あらかじめ行列形式の表（スプレッドシート，spread sheet）の各欄の値が他の欄の値を用いてどのように計算されるかを指定しておけば，必要な欄にデータを入力するだけで自動的に計算が行われ，結果を出力することができます．また，グラフの作成機能などを備えているものもあります．

ウェブブラウザ

インターネットにアクセスし，WWW（World Wide Web，ウェブ）の情報を参照する際に用いるソフトウェアです．ハイパーテキスト文書の処理と表示，さまざまな画像の表示，JavaScript プログラムの実行などの機能が組み込まれています．ブラウザ上でマウスのボタンをクリックするだけで，世界中のウェブサーバが提供するウェブページの情報を次々とリンクをたどりながら参照することができます．

電子メール用ソフト

インターネット上の電子メール（electronic mail，E-mail）サービスを使うことで，特定の相手と文章をやりとりするだけでなく，同一の内容の文章を同時に多数の人に送付したり，添付ファイルの形式で画像や音声といったマルチメディアデータを送付したりすることができます．電子メール用ソフトは，メールの送

受信機能のほか，アドレス帳の管理，受信したメールの分類機能・検索機能など，利用者にとって便利な機能を提供します．

参 考 文 献

1. 長尾真 他編：『岩波情報科学辞典』，岩波書店，1990.
2. ジョン・D.クレン 著，三浦宏文，下山勲 訳：『デジタル・エレクトロニクス技術』，啓学出版，1981.
3. 斉藤忠夫：『ディジタル回路（電子情報通信学会大学シリーズ）』，コロナ社，1982.
4. 手塚慶一：『電子計算機基礎論』，昭晃堂，1993.
5. Alan W. Biermann 著，和田英一監訳：『やさしいコンピュータ科学』，アスキー，1993.
6. 浜辺隆二：『論理回路入門 第3版』，森北出版，2015.
7. 今井正治 編著：『論理回路（OHM 大学テキスト）』，オーム社，2016.
8. 電子情報通信学会 編，坂井修一 著：『コンピュータアーキテクチャ（電子情報通信レクチャーシリーズ）』，コロナ社，2004.
9. 浦昭二，市川照久 共編：『情報処理システム入門』，サイエンス社，2006.
10. 大久保英嗣：『オペレーティング・システムの基礎』，サイエンス社，1997.
11. 毛利公一：『基礎オペレーティングシステム～その概念と仕組み～』，数理工学社，2016.

4

プログラミング

　情報通信技術（ICT）の進展により，現実世界とサイバー空間とが融合したサイバー・フィジカル融合社会が到来した今日，私たちは，日々，多くのデータを発生させながら日常生活を送っています．例えば，IC カード乗車券の利用によって移動の経路と利用日時のデータが，また電子決済の利用によって実店舗やオンラインショッピングでの購買履歴のデータが発生し，それらが蓄積，収集，さらには分析されることによって，新たなサービスが提供されています．インターネット上で情報検索を行う際に使用されるサーチエンジンの検索結果には，他人による情報検索結果に加えて，ユーザの設定次第では，自身の過去の検索結果を反映させることが可能となっています．情報検索の結果を決めているのが，検索アルゴリズムとこれをプログラミングによって実装した情報検索システムです．検索結果の順位はビジネスのみならず，社会の動きに大きな影響を与え続けています．ビッグデータ時代が到来し，コンピュータはデータを処理するだけでなく，社会のさまざまな現場における意思決定支援のツールとして広く活用されるようになったいま，コンピュータの仕組みと採用されているアルゴリズム，さらにアルゴリズムを実装するためのプログラミングについて理解することは，各種のセンサやスマートフォンを含むコンピュータによって実現されているサービスを主体的に利用するために非常に重要になっています．

　本章では，アルゴリズムとこれを実装する際に必要不可欠なプログラミングの基礎について学びます．

4.1　アルゴリズム

　アルゴリズム（algorithm）という言葉の語源は，インドの記数法をアラビアに紹介したアラビアの数学者アル＝フワーリズミー（Abu Ja'far Muhammad ibn Musa Al-Khawarizmi）の名前に由来するとされています[1]．アルゴリズムとは，広義では，問題を解決するための手段であり，料理のレシピや音楽の楽譜，家電のマニュアルに書かれた取扱手順もこれに含まれますが，情報科学の定義では，"コンピュータを用いて解くことができる問題に対する解法を具体的に表現したもの"を意味します．アルゴリズムは，"誰がそのアルゴリズムに基づいて問題を解いても正しく同じ結果が得られるもの"であるように記述される必要があります．そのため，アルゴリズムには，あたりまえであると思われることも明記されることが望ましく，具体的かつ論理的かつ客観的に記述されたものであることが求められます．

よく知られているアルゴリズムとして，2つの自然数 p と q の最大公約数を求める**ユークリッドの互除法**（Euclidean Algorithm）があり，つぎのように記述されます．

---

1. 2つの自然数 p, q $(p \geq q)$ を入力する
2. p を q で割ったときの余り（剰余）を r とする
3. $r=0$ ならば，q が求める最大公約数であり，終了する
   さもなくば，$p=q$, $q=r$ として，手順 1. に戻る

なぜユークリッドの互除法で最大公約数が求まるかを簡単に説明しましょう．まず，2つの自然数 p, q はともに正の整数なので必ず最大公約数があります．最大公約数を m で表すと，$p=a \times m$, $q=b \times m$ と表されます．しかも，a と b は互いに素であるため，a と b の最大公約数は 1 です．p と q の差を r とすると，r は $r=p-q=(a-b) \times m$ と表されるので，r と q の最大公約数も m となります．ここで，$p>r$ なので，q と r の大きいほうを p，小さいほうを q として，上の方法を繰り返していけば，いつか必ず m が求まることになります．そして，当然ですが，そのとき $r=0$ となります．

また，ここで，ある人物が自転車に「乗れる」か「乗れない」かについて，コンピュータを用いて判定するときのアルゴリズムについて考えてみましょう．その判断のためには，まず，適切な評価項目を設定する必要があります．表4.1 に評価項目の例を示します．ここでは，走る，曲がる，止まるという自転車の3つの基本操作に関するスキルと安全確保のための周囲の状況認知に関するスキルを数値化し，その結果に基づいて評価する考え方を採用しています．つまり，ある人物が自転車に「乗れる」か「乗れない」かということについて，"誰が評価し

表 4.1　ある人物が自転車に「乗れる」か「乗れない」かの評価項目の例

種　類	項　目
走ることに関するスキル	加速力，最高速度，最高登坂斜度
曲がることに関するスキル	カーブを通過する時間と安定性
止まることに関するスキル	減速力，乾燥路面での制動距離，濡れた路面での制動距離
安全確保に関するスキル	交通標識の理解度，信号の認知度，周囲の交通状況の理解度

ても正しく同じ結果が得られる"ようにするためには，それぞれの評価項目についてどのように測定して数値化を行うべきか，また，最終的に「乗れる」か「乗れない」について決定する際には，各評価項目をどの程度重視するべきか，などの点で細かい検討が必要となります．

4.1.1　アルゴリズムの表現

　アルゴリズムは，誰がそのアルゴリズムに基づいて問題を解いても正しく同じ結果になるように記述されたものでなければなりません．そのためには，アルゴリズムを表現するための共通のルールが必要であり，アルゴリズムを表現するためのルールや表記方法を定めた表記手法がさまざま開発されています．アルゴリズムの表記方法として，基本となるのが**フローチャート**（flow chart）です．フローチャートはアルゴリズムの処理と手順を図解で直観的に表現する手法で，アルゴリズムの処理の流れを，手順に沿っていくつかの決まった図形と記号を使って書き表すことができます．情報科学分野におけるフローチャートは，用いられる記号や図形はあらかじめ処理内容や意味が決められていて，その内容に応じて使い分けをすることになっています．**表 4.2** にフローチャートに用いられる記号とその役割を示します．フローチャートはこれらの記号の組合せによって構成されています．**図 4.1** は，4.1 節に記したユークリッドの互除法のフローチャートを示しています．コンピュータプログラムは，アルゴリズムをコンピュータが理解可能な形式で記述したものであり，アルゴリズムの表現方法の一つです．プログラミング言語については，4.3 節以降を参照ください．

表 4.2　フローチャートに用いられる記号とその役割

図形記号	記号名	役　割
⬭	端子記号	アルゴリズムの開始と終了を表す記号．開始端子の中には「開始」，終了端子記号には「終了」などと書く．
▭	処理記号	処理をする記号．記号の内部に処理の具体的な内容（「具材を切る」「足し算をする」）を記述する．
◇	判断記号	条件式による選択を表す記号．記号の中に条件判断する内容を記述する．条件の判断結果（Yes, No）によって，手順が分岐する．
⬡	ループ記号(開始)	反復構造（同じ処理を繰り返すこと）の開始を表す記号
⬠	ループ記号(終了)	反復構造（同じ処理を繰り返すこと）の終了を表す記号
↑↑⇄	流れ線	記号同士を結んで，処理の流れを表す．基本は上から下に向かって処理が進む．処理が水平や下から上に向かうときには処理の流れを明確にするため矢印をつける．

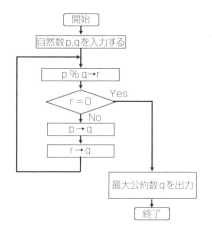

図 4.1　ユークリッドの互除法のアルゴリズムのフローチャート

4.2　データ構造

　コンピュータ内部にデータを格納する方法とデータを処理する際のデータの操作方法をデータ構造（data structure）と呼びます．データの表現には，その意味に着目し，意味をわかりやすくするために書く論理構造による表現とコンピュー

表 4.3　身近なデータの例

データの種類	項　目
選手と背番号	1. 鈴木，2. 田中，3. 佐藤，…
山手線の駅名	池袋，目白，高田馬場，新大久保，新宿，代々木，原宿，渋谷，…
株　　　　価	1764 円（2018/12/28），1780 円（2019/1/4），1830 円（2019/1/5），…

タで処理しやすい形で表現する物理構造による表現があります．データの種類とその利用目的，さらにはデータを利用する環境によって，適切なデータ構造を選択することが必要です．

　身近なデータの例を**表 4.3** にあげます．選手と背番号のデータは，背番号とこれに対応する選手の名前がセットで取り扱われます．山手線の駅のデータは，駅と駅との接続関係（隣の駅であること）が記述されていれば十分です．これらのデータはそれほど頻繁に追加・削除や変更があるものではないですが，株価のデータは，時間とともに，時には大きく変動するため，株価の記録データは頻繁にデータが追加されます．このように，データには種類や利用目的がはっきりしているものが多く，利用に最適な形式や構造を選択する必要があります．**表 4.4** に主なデータ構造の種類と特徴を記します．以下，4.2.1 〜 4.2.7 項においてそれぞれのデータ構造について説明します．

表 4.4　データ構造の種類と特徴

種　類	特　徴
配列（表）	インデックスによって各要素に高速にアクセスすることが可能．末尾へのデータの挿入と削除は高速だが，中間部分へのデータの挿入と削除は遅い．データが大きい場合に大量のメモリを消費する．
連結リスト	格納場所によらず，データの挿入と削除が容易．各要素へのアクセスにはリンクをたどる必要があるため遅い．
スタック	要素の挿入，削除がいつもデータ列の先頭からなされる．要素の挿入はデータ列の最後尾の先頭からなされる．
キュー	削除はデータ列
木	格納場所によらず，データの挿入と削除が容易．高速な検索が可能だが，木の深さが平衡していない場合は性能に影響する．
グラフ	節点や辺で構成され，木では扱えない循環型など複雑なデータ構造のデータが扱える．ノードにコストを割り振ることができるため最適なルート探索問題に適用しやすい．

4.2.1　配　列

　配列（array）は，表として一般的にもよく知られているもっとも基本的なデータ構造で，要素をある順序で並べたものです．各要素には，添字（データの順番を表す数字）でアクセスでき，コンピュータ上のメモリの連続した位置に格納されます．そのため，データの位置と容易に対応づけることができ，個々のデータへの一定時間でのランダムアクセスが可能となります．**ランダムアクセス**とは，本のように各ページに直接アクセスできる仕組みのことで，多くのアルゴリズムにおいて，例えば，4.4.1項で説明する探索においては，きわめて重要な機能となります．任意の場所への要素の追加については，配列の最後に要素を追加する領域を確保した上で，追加する領域を空けるため，1つずつ要素をずらして格納する処理が必要になるのです．

氏　　　名	国　語	算　数	理　科	社　会
田中　梅	75	80	40	60
鈴木　はな	80	60	50	45
山田　太郎	65	70	80	35

図 4.2　配列（表）

4.2.2　連結リスト

　連結リスト（linked list）は，特定の順番に従ってのみ，要素にアクセスできるデータ構造で，**セル**（cell）というデータを接続することで作ることができます．連結リストには単方向連結リスト（singly linked list），双方向連結リスト（doubly linked list），循環連結リスト（circular linked list）があります．図 4.3 に示すように，**単方向連結リスト**の場合，各要素は，データ本体を格納するセルとつぎのデータの参照先を格納するセルの2つの項目から構成されています．**双方向リスト**の場合は，前のデータの参照先を格納するセルが追加されます．リストの終わりを示すため，最後のセルの右側には特別な値（NULL）を格納します．連結リストの例としては，鉄道の路線や連絡網があります．リストの基本操作は，挿入，削除，リストの連結，リストの分断，要素の探索，空リストの生成，要素数を調べる，先頭要素を調べる，最後尾の要素を調べる，といったものです．連結リストの長所は，データの挿入や削除が簡単にできることです．配列では，データの

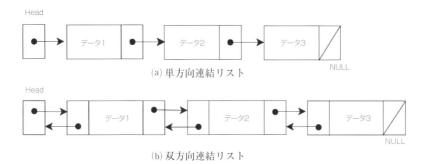

図 4.3　連結リスト

削除や挿入を行う場合は要素を移動する必要がありますが，連結リストはセルを付け替えるだけで実現できます．また，要素の追加に柔軟に対応するためには，配列の場合，実際に格納している要素の数よりも多めに格納場所を確保しておく必要がありますが，連結リストは常に必要な分の格納場所だけで対応できるため効率的です．逆に，配列はどの要素にも一定の時間でアクセスすることができますが，連結リストはセルを順番にたどっていくため，リストの後ろのデータほどアクセスに時間がかかります．

　スマートフォンなどの音楽プレイヤーのプレイリストは，双方向連結リストの応用例としてあげられます．プレイリストでは，「次の曲へ進む」のボタンが押されれば，つぎの要素である楽曲が再生され，「前の曲へ戻る」のボタンが押されれば，前の要素である楽曲が再生されます．2曲飛ばす，または3曲戻すといった操作の場合は，リンク先を必要な数だけ前後にたどればよいのです．また，リストに新たな曲を追加したり削除したりする場合は，挿入したい箇所のリンク先を変更することで対応できます．

4.2.3　辞　書

　辞書（dictionary）は，連想配列（associative array）と呼ばれるデータ構造で，データをキーと値の組合せで管理することで，キーを指定することによって対応する値を簡単に参照することができます．代表的なものにハッシュ（hash）があります．ハッシュとは，キーに一定の演算 h を施して，データ格納のアドレスに変換し，そのアドレスからデータを参照するというキー・アドレス変換の技法であり，キーの値 x をデータのアドレス（通常は，配列の添え字）へ変換するハッシュ

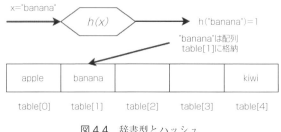

図4.4　辞書型とハッシュ

関数 h, ハッシュ関数が返すハッシュ値, データを格納する配列（表）のハッシュ・テーブル T, ハッシュ・テーブルの各要素であるバケット（bucket）から構成されます. ハッシュ関数を利用すると, 目的のデータの探索時間を短縮することも可能になります. 図4.4に辞書型とハッシュの例を示します. この例では, "banana" という要素を追加するときにハッシュ関数 h(x) によって得られたハッシュ値が1であったため, 辞書型 table の要素の1番である table[1] に "banana" を格納しています. ハッシュ関数としては, 例えば登録する名前の文字コードの合計値をある数で割った割り算の余りを出力するものなどがよく使われます.

4.2.4 ス タ ッ ク

スタック（stack）は, 整然と積み重ねたお皿や座布団を出し入れするときのように, 最初に入れたものを最後に取り出す後入先出法（LIFO：Last In First Out）に従ってオブジェクトを出し入れするデータ格納方法です. 要素の追加も削除もスタックとして積み重ねた最上部からしか行うことができません. 図4.5 にスタックにおける要素の追加と削除を示します. スタックに要素を追加するこ

図4.5　スタックにおける（a）プッシュと（b）ポップ

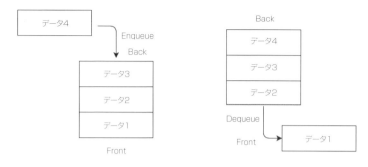

図 4.6　キューにおける（a）エンキューと（b）デキュー

とを**プッシュ**（push），スタックから要素を取り出すことを**ポップ**（pop）と呼びます．スタックの応用例として，単語の文字列を逆順に並び替える処理や，テキストエディターにおける**アンドゥー処理**（undo：直前にやった操作の取り消し）があります．

4.2.5　キ　ュ　ー

キュー（queue）は，**待ち行列**のことで，コンサート会場への入場待ち行列のように**先入先出法**（FIFO：First-In First-Out）に従ってオブジェクトを出し入れするデータ格納方法です．キューでは，図 4.6 にデータを追加する**エンキュー**（enqueue）とキューからデータを取り出す**デキュー**（dequeue）が基本操作となります．キューの応用例として，プリンタにおけるファイルの印刷処理があります．

4.2.6　木　　構　　造

木（tree）は，**ノード**（node）と呼ばれる要素間の階層構造を表すためのデータ構造で，例として，一般世界では会社の組織や家系図など，また，コンピュータにおいてはディレクトリ（フォルダ）があります．図 4.7 に木構造の例を示します．最上位のノードを**根**（root）と呼びます．木構造のデータは，階層関係がはっきりわかるように，根を上にして，同じ階層にある節を横に並べて記されます．根からレベル 0，レベル 1 と階層を数えていき，最下層の節までの階層数が "木の高さ" に相当します．木は，ある節から下の部分を切り出したものも木としての性質をもっており，これを**部分木**（subtree）と呼びます．木では，ある節からほかの節に至る "経路" を考えることができます．例えば，図 4.7 において，A

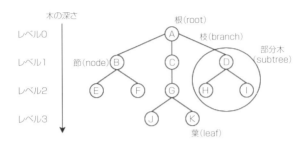

図4.7　木構造

からJには，A–C–G–Jという経路があります．ある節から根の方向にさかのぼ
るとき，途中で通っていく節を"先祖"といい，直接つながっている節を"親"と
呼びます．これは，逆から見ると"子孫"と"子"という関係になります．木にお
いて，子をもたない節をとくに"葉"と呼ぶことがあります．

4.2.7　グ　ラ　フ

　グラフ（graph）は，**頂点**（vertex）の集合Vと**辺**（edge）の集合Eの有限集
合により定義されるデータ構造です．辺は一組の頂点で構成されます．グラフは，
電気回路のシミュレーションや電車の乗り継ぎの最適経路探索，ソーシャルネッ
トワークの解析などにおいて利用されています．図4.8にグラフの例を示します．
グラフには，辺に方向がない**無向グラフ**と辺に方向のある**有向グラフ**があります．
図4.8（b）の有向グラフの例では，頂点Kと頂点Aは接続されていますが，頂
点Kからは頂点Aに向かうことはできません．また，最適経路探索などの応用
では，頂点や辺に距離，料金，時間などの違いを重みとして反映することもでき

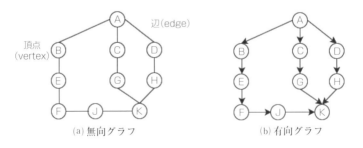

図4.8　（a）無向グラフと（b）有向グラフ

ます．辺で隣り合う頂点をつないだものを**路**（path）と呼び，同じ頂点を複数回通らない路を**単純路**（simple path），どの2頂点間にも路が存在しているグラフを**連結グラフ**（connected graph），すべての頂点対が辺で隣接しているグラフを**完全グラフ**（complete graph）と呼びます．

4.3 アルゴリズムの性能評価

　探索や並べ替えなどのデータ処理では，複数の異なるアルゴリズムが存在しています．アルゴリズムの性能は，コンピュータの性能と同じように実行時間で測定するベンチマークテストによって評価されることが多いですが，どのコンピュータを利用するか，どのコンピュータ言語を使用するか，さらには誰が書いたコードを用いるかによって結果が変動してしまいます．そのため，学術的には，**計算量**（computational complexity）いう尺度によって評価するのが一般的となっています．計算量には，処理時間に関係する**時間計算量**（time complexity）とアルゴリズムの実行に必要な領域の大きさに関する**領域計算量**（space complexity）が定義されています．具体的には，処理の対象となる入力データをnとしたときに，実行に要する時間がどのくらいかかるのか，ということを表す**O記法**（big O-notation）が用いられます．表4.5は，O記法による一般的な性能評価とその意味を示しています．通常，計算量を求める場合は，最悪の入力データを想定し，このときに要する計算量である**最大計算量**（worst-case complexity）によって性能評価を行うのが一般的です．

表 4.5　O 記法による性能評価とその意味

種　類	読み方	意　味
O(n)	オー・エヌ オーダー・エヌ	データ量 n が2倍になると計算時間も2倍くらいになる．例：配列への要素の挿入
O(1)	オー・イチ オーダー・イチ	データ量 n が2倍になっても計算時間は変化しない．例：連結リストへの要素の挿入
O(n^2)	オー・エヌニジョウ オーダー・エヌニジョウ	データ量 n が2倍，3倍になったときに，計算時間が4倍，9倍に増える．
O($\log n$)	オー・ログ・エヌ オーダー・ログ・エヌ	データ量 n が2倍になったときに増える計算時間と，データ量が2倍から4倍になったときに増える計算時間が同じくらい．

4.4　代表的なアルゴリズム

代表的なアルゴリズムとして，探索とソートについて説明します．

4.4.1　探　索

探索（searching）とは，n 個のデータが登録されているテーブルの中からある特定のキーをもつデータを探し出す処理です．探索を行うアルゴリズムにはさまざまなものがありますが，ここでは線形探索法と二分探索法について取り上げます．

a. 線形探索法

線形探索法（linear search）は，要素を順番に比較しながら，キーと一致する要素を探すアルゴリズムです．図 4.9 は，10 個の要素が登録されたテーブルにおいて，キー 45 の要素を探索しています．線形探索法の計算量はテーブル内の要素数を n とすると n 回の検索が必要となるため，O 記法では O(n) となります．

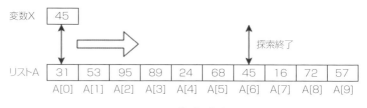

図 4.9　線形探索法

b. 二分探索法

二分探索法（binary search）は，以下のアルゴリズムに従って，ソート済みの探索対象テーブル内の要素に対して，探索範囲を二分しながら探索を行う方法です．

<二分探索法のアルゴリズム>

1. リストの要素を値の小さい順に並び替えておく.

2. リストの中央にある要素の値（Yとする）とキーXを比較する.

   XとYが一致している（X=Y）場合：終了.

   変数Xの値の方が大きい（X>Y）場合：Yより大きい要素のさらに中央の値と比較する.

   変数Xの値の方が小さい（X<Y）場合：Yより小さい要素のさらに中央の値と比較する.

3. 変数Xと要素の値が一致するか，最後の要素との比較が完了するまで，二分して比較することを繰り返す.

　図4.10に，二分探索法により，10個の要素が登録されたテーブルにおいて，キー24の要素を探索している手順を示しています．二分探索法では，1回のステップを繰り返すごとに探索対象範囲を半分にすることができるため，計算量はテーブル内の要素数を n とすると，$\log_2 n$ 回程度，つまり，O記法ではO$(\log n)$ となります．これは，線形探索のO(n) と比較すると，例えば $n=1000$ の場合，線形探

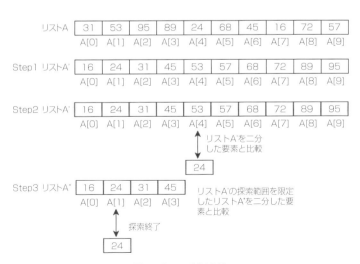

図4.10　二分探索法

索法では平均500回くらいの比較が必要となるのに対して，二分探索法では10回程度の比較で探索が完了するため効率的です．

4.4.2　ソ　ー　ト

ソート（sorting）は数値や文字などを大小やアルファベット順などのある規則に従って並び替える処理です．ソートにはさまざまなアルゴリズムが存在しますが，ここでは選択ソート，バブルソートとクイックソートについて取り上げます．

a.　選 択 ソ ー ト

選択ソート（selection sort）は，要素数を n とすると，つぎのアルゴリズムで実行されます．

＜選択ソートのアルゴリズム＞

1. 要素を比較しながら，最小のデータ要素を見つける．
2. 最初の位置の要素と入れ替える．
3. 続いて，二番目に小さい要素を見つけ，二番目の位置にある要素と入れ替える．
4. これを $n-1$ 番目の要素を見つけるまで繰り返す．

図4.11に，8個の要素をもつデータに対して，選択ソートを実行した場合の過程を途中まで示します．選択ソートでは，8個の要素に対して最小の要素を決定するまでにStep1 〜 Step7まで，7回の比較とStep8で1回の交換を行っています．続いて，2番目に小さい要素を決定するまでに 7−1=6 回の比較と1回の交換を行っています．つまり，要素数が n の場合，必要な比較と交換は以下の式で表されるため，計算量は $O(n^2)$ となります．

$$n+(n-1)+\cdots+1=\sum_{i=1}^{n} i=\frac{n(n+1)}{2}$$

b.　バブルソート

バブルソート（bubble sort）は，要素数を n とすると，つぎのアルゴリズムで実行されます．

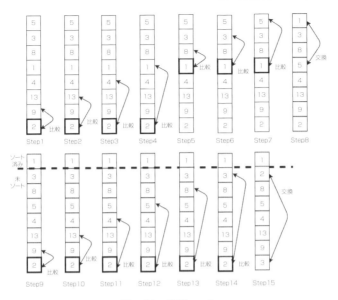

図 4.11 選択ソート

<バブルソートのアルゴリズム>
1. 隣り合う2つの要素を順次比較（スキャン）して，大小の順序が逆転して
   いたらそれらを入れ替える．
2. 最後に入れ替えが行われた場所を記憶し，次回の並べ替えではその位置ま
   での比較を行う．

　スキャンを行うたびに数の小さい（軽い）要素が水面に泡のように浮き上がる
イメージからバブルソートと呼ばれます．図 4.12 に，8個の要素をもつデータに
対して，バブルソートを実行した場合の過程を途中まで示します．バブルソート
では，8個の要素に対して最小の要素を決定するまでに Step1 ～ Step7 まで，7
回の比較と交換を行っています．続いて，2番目に小さい要素を決定するまでに
7-1=6回の比較と交換を行っています．つまり，要素数が n の場合，必要な比較
と交換は以下の式で表されるため，計算量は $\mathrm{O}(n^2)$ となります．

$$(n-1)+(n-2)+ \cdots +1 = \sum_{i=1}^{n-1} i = \frac{n(n-1)}{2}$$

c. クイックソート

クイックソート（quick sort）は，高速なソートアルゴリズムとして知られてお

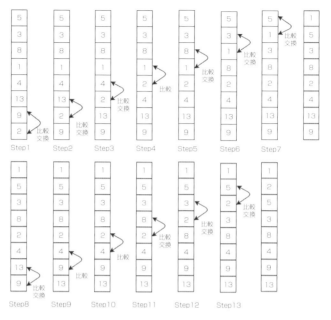

図 4.12　バブルソート

　り，多くのプログラミング言語においてライブラリが用意されており，すぐに利
用することができます．要素を分割し，複数の小さいテーブルに対してソートを
行い，その結果をあとで組み合わせる分割統治法（divide and conquer）の代表
的なアルゴリズムとして知られています．

＜クイックソートのアルゴリズム＞

1. データ列からソートの基準となる要素（枢軸 / ピボット，pivot）を 1 つ選
   ぶ．
2. 要素を枢軸の値より「小さいもの」と「大きいもの」に分割する．
3. 分割されたそれぞれから，新たな枢軸を選び，2. を繰り返しながら整列
   する．

　図 4.13 に 8 個の要素をもつデータに対して，クイックソートを実行した場合
の過程を示します．この例では，Step1 において，もっとも右の要素を枢軸とし
て設定し，同時に枢軸以外の要素に対して，もっとも左の要素に左マーカ，もっ
とも右の要素に右マーカを設定します．Step2 においては，左マーカの指し示す

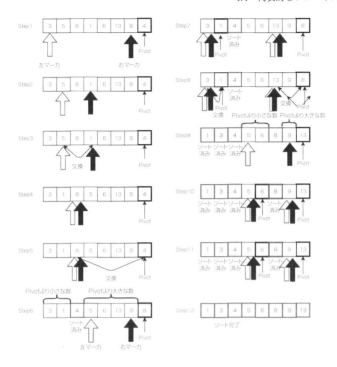

図 4.13　クイックソート

要素と枢軸の値を比較し，枢軸よりも大きな値が見つかるまで左マーカを右に動かしていきます．その後で右マーカが指し示す値を枢軸の値と比較し，枢軸よりも小さな値が見つかるまで右マーカを左に動かしていきます．つぎの Step3 では，左マーカの指す要素と右マーカの指す要素の交換を行います．続いて，Step4 では，再び左マーカが指し示す値と枢軸との比較を再開し，終了したら右マーカが指し示す値と枢軸との比較を行います．右マーカが左マーカと衝突したら，両方のマーカが指す値と枢軸の値を入れ替えます．このとき，左右のマーカが指し示している要素をソート済みとします．この例では，Step12 においてすべての要素がソート済みとなり，ソートが完了しています．

　クイックソートでは，データを分割しながら，枢軸要素を見つける作業と，枢軸要素をキーとしてデータを 2 つに分割する作業の 2 種類の作業が繰り返されます．まず，枢軸要素を見つける作業は，i 番目から j 番目までの要素の中から，枢軸として使用するデータの番号を検索します．この処理は，i から j までを順番に

検索しますから，検索する要素数に比例した計算量を要します．また，枢軸要素をキーとしてデータを2つに分割する作業では，要素のi番目からj番目までの範囲を，前後から検索して交差するまで枢軸の値を軸としてデータの入れ替えを行いますから，やはり，要素数に比例した計算量を要します．データの分割がもっとも効率よく行われると，各データは2分割ずつされていきますから，クイックソートの分割の深さは，データ数がnのとき$\log(n)$になります．このとき，各深さのデータ数はすべてnですので，この場合のクイックソートの総計算量は$O(n \log n)$になります．しかし，しかし，分割がきわめてアンバランスになる場合もあります．最悪の場合は，分割が$1:n-1$で行われ続けた場合です．この場合，クイックソートの分割の深さはnとなり，それぞれのデータの深さはn, n, $n-1$, $n-2$, …, 3, 2となります．したがって，この場合のクイックソートの総時間量は以下の式で求められる．つまり，$O(n^2)$となります．

$$n+n+(n-1)+(n-2)+\cdots+2 = 2n-1+\sum_{i=1}^{n-1} i = \frac{n(n+3)-2}{2}$$

4.4.3　検索エンジン

インターネット上のデータの在処を検索するサービスが検索エンジン（search engine）です．インターネットの商用化が始まって間もない1990年代中ごろの検索エンジンでは，検索キーワードとページ内に含まれる文章との関連性を手がかりとして，検索結果の順位を決定していましたが，この方法では，対象ページ内にユーザにとって有益だと判断される情報が含まれているかどうかの判断結果が反映できませんでした．当時は，ページの内容とは関係なくても，検索キーと同じ単語が多く含まれていたページは検索結果の上位になってしまったため，ユーザからの検索エンジンへの信頼はあまり高いものではありませんでした．そこでGoogle社を創業したブリン（S. Brin）とページ（L. Page）によって考案，実装されたアルゴリズムがPageRank[5]です．PageRankでは，あるWebページから別のWebページにリンクが貼られている場合に，そのリンクを支持投票とみなして，その投票数をカウントし，検索結果に反映させることで，実際にユーザがページの内容を有用だとみなしている場合の評価を導入しています．これによって，検索エンジンの検索結果の精度が大幅に改善され，ユーザにとって検索エンジンはなくてはならないものとなり，インターネットが日常生活に深く浸透する大きな要因となりました．

4.5 プログラミング

4.5.1 プログラムとは

　計算機にアルゴリズムに沿った処理をさせるためには，計算機に動作の手順を指示するためのプログラムが必要になります．プログラムという用語は学習プログラムや演奏プログラムなどというように日常生活でも用いられており，何らかの目的や課題の解決を達成するために，実行すべき項目の手順などをまとめたものです．また，楽譜や料理のレシピなども一種のプログラムといえます．例えば，料理のレシピにはある料理を作るための手順が記載されており，レシピに従って調理を進めれば目的の料理を再現することができます．ある料理を作成するための調理方法がアルゴリズムに相当し，レシピというプログラムで調理手順を指示していることになります．多くの場合，調理の手順を誤ると美味しい料理を作るという目的は達成できないため，必要な情報がすべて厳密に記載されている必要があります．

　計算機分野におけるプログラミングという表現はさまざまな使われ方をすることがありますが，ここではアルゴリズムをプログラム言語で記述することを総称して**プログラミング**と呼ぶこととしましょう．そこには実際にプログラムを書く作業だけでなく，実行すべき動作の手順（アルゴリズム）を考えることまで含めて使われることが多いです．それに対して，プログラミング言語を用いて実際にプログラムを書く作業のことを**コーディング**（coding）と呼んで区別することもあります．プログラミングは設計から実装までを含めているのに対し，コーディングは実装の部分のみを指しています．

　アルゴリズムをコンピュータが理解可能な言語として記述する際には，プログラミング言語を用います．プログラミング言語はアルゴリズムを正確に記述する必要があるため，自然言語と比べて構文や文法における曖昧さをなくすための強い制約が要求されます．そのため，コーディングにおいては，各言語の制約に従って記述することが必要になります．以下は図 4.1 のユークリッドの互除法をプログラミング言語 Python で記述したものです．

ユークリッドの互除法

```
# 自然数 p と q を入力
p = int(input("input p:"))
q = int(input("input q:"))

# p を q で割ったあまりが 0 になるまで以下を繰り返す
while p % q != 0:
        # p を q で割ったあまりを r とする
        r = p % q
        # p に q を代入し，q に r を代入する
        p = q
        q = r

# 求めた最大公約数を画面に出力
print(q)
```

4.5.2　基本構成要素

　これまでにさまざまなプログラミング言語が開発されてきましたが，基本的な構成要素は共通しています．以下ではそれらについて紹介しましょう．

a.　データの格納

定　数

　数値や文字列などが変更されることなく用いられる場合は，定数として扱われます．円周率や物理定数など事前に決められている数値や，プログラム内で変更せずに一貫して用いるデータも定数として格納されます．

変　数

　格納されている数値や文字列が変更されることがある場合は，変数として扱われます．変数は必要に応じて上書きされ，内容が随時変わっていきます．プログラミングにおける変数の作成とは，メモリ内の記憶場所を確保することに相当し，変数への値の代入はその記憶場所へのデータの格納を意味します．変数に格納される値が整数か浮動小数点数か文字かなど，タイプによって必要となるメモリ領域の大きさが異なります．そのため，プログラミング言語の種類によっては，変数作成時に明示的に型を宣言することで，必要なメモリ領域を確保します．その場合は，容量を超える値や異なる型の値は格納できません．

配列・リスト

　4.2 節で紹介した配列やリストもプログラミング言語において表現されます．配列の作成では隣り合った記憶場所を複数確保し，それぞれの場所に値を格納することになります．そのため，作成時にサイズの指定が要求されることが多くあります．リストの作成では，データ本体とつぎのデータの参照情報を格納するための記憶場所を確保することになります．リストでは要素の追加や削除を随時行

うことが想定されているため，作成時には最初の要素の記憶場所さえ確保されていればよいです．そのため，配列作成とは異なり，サイズの指定は不要です．

b. 処理の流れ（基本制御構造）

順 次 構 造

アルゴリズムの手順を厳密に表現するために，処理の順番が明確である必要があります．そのため，フローチャートと同じように，プログラムでも特に指定がない場合は上から順番に1つずつ処理していくことが想定されています．

条 件 分 岐

条件によって手順を分岐させる方法として，if と else を組み合わせて用いることが多いです．if を用いて条件文を評価させることによって，"もし条件文が真なら～を実行する"という制御が可能になります．

ル ー プ

同じ内容を繰り返し処理させる方法として，for や while を用いることが多いです．特定の処理を指定回数繰り返す場合は for を用い，条件文と組み合わせて条件に当てはまる限り繰り返す場合は while を用いることができます．

c. 処 理

算 術 演 算

四則演算や論理式など数学と同等の演算を行うことができます．三角関数や対数など複雑な演算は以下の関数として扱われることが多いです．

関 数

数学における関数と同様に，プログラミングにおける関数（function）も定められた処理を実行します．関数が処理を実行する際に必要となるデータを**引数**として与え，実行結果として**戻り値**を返してきます．各言語が事前に用意してくれている**組込み関数**の利用だけでなく，何度も用いる処理や計算をまとめて関数として定義することで自作の関数の利用も可能になります．組込み関数には三角関

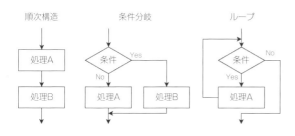

図 4.14 基本制御構造の
フローチャート

数など数学に関わるものや，引数を画面に出力するためのプリント関数などがあります．何度も繰り返す処理を自作の関数としてまとめておくことで，プログラム上に同じ内容が複数回出現することを回避できます．関数が呼び出された場合，順次構造とは外れた流れの中で処理が行われることになります．呼び出す側の処理の流れを**メインルーチン**（mainroutine）と呼び，呼び出された側の処理の流れを**サブルーチン**（subroutine）と呼びます．また，自作の関数では，関数内部から自分自身を呼び出すことも可能で，これは**再帰**（recursion）と呼ばれます．再帰は数学の漸化式のように同じことを繰り返す場合に有効になります．探索などの繰り返しが必要になるアルゴリズムにおいては，再帰を用いることでシンプルなプログラムの記述が可能になります．

　以下では各基本構成要素の例を示します．いずれもプログラミング言語 Python に基づいた記述です．

変数を用いた算術の例

```
1.  x=3
2.  y=x+4
3.  x=5
4.  z=x*2
5.  print(z)
```

1行目でxに3を代入し，2行目で4を加算して，結果をyに代入している．3行目でxを上書きし，2倍した結果をzに代入している．5行目でプリント関数を用いて，zの値を出力している．

リストの例

```
1.  oddList=[1,3,5,7]
2.  oddList.append(9)
3.  print(oddList)
4.  oddList.remove(1)
5.  print(oddList)
```

1行目でリストを作成し，2行目で9を末尾に追加している．3行目でリストの中身を出力すると，［1,3,5,7,9,］が表示される．4行目で1を削除している．5行目でリストの中身を出力すると，［3,5,7,9］が表示される．

条件分岐の例

```
1.  if x%2==0:
2.      print("Even")
3.  else:
4.      print("Odd")
```

xが偶数か奇数か判別するプログラム．x%2でxを2で割った余りを計算し，もし余りが0と等しければEvenと表示し，それ以外はOddと表示する．

ループの例

```
1.  for i in range(10):
2.      print(i)
3.
```
0から9までの数字を表示するプログラム．iを0から開始して，1ずつ増加させながら表示することを10回繰り返している．

自作関数の例

```
1.  def calcSquare(x)
2.      return x*x
3.
4.  y=calcSquare(4)
5.  print(y)
```
1〜2行目で，入力された引数の2乗を戻り値として返す関数を定義している．

4行目で，引数に4を指定してこの関数を呼び出して，返された値をyに代入している．5行目でyを出力すると16が表示される．

4.6　プログラミング言語

　プログラミング言語はコンピュータに実行させたい内容を表記するための言語です．本来，コンピュータの実行を担っているCPUなどは，ビット列で表記された機械語の命令を実行することしかできません．しかし，機械語は人間にとっては理解しづらく，機械語によるプログラムの作成は非常に手間のかかる作業です．そのため，人間の思考や日常言語と機械語を橋渡しするために，これまでに数多くの種類のプログラミング言語が開発されてきました．機械語以外のすべてのプログラミング言語で書かれたプログラムは，言語処理系（language processor）と呼ばれるソフトウェアで機械語に翻訳されてから実行されます．そのため，プログラミング言語ごとに記述構造や文法などの決められたルールが存在し，そのルールに従って記述しないと機械語に正常に翻訳されず，コンピュータは実行できません．

4.6.1　プログラミング言語の種類

　現在，多くのプログラミング言語が存在しています．その理由として，計算機の性能が上がったことで負荷のかかるプログラミングが可能になったことと，目的に特化した言語の登場があげられます．プログラミング言語の分類方法としては，機械語に近い低水準言語と，人間が理解しやすい高水準言語という分類があります．機械語に近い低水準言語では細分化された処理を1つずつ記述する必要

がありますが，その分柔軟な処理が可能になります．一方で，高水準言語は機械語に翻訳するという手順を踏むことで，人間の記述・読解が容易な表記方法が採用でき，専門家以外にとっても扱いやすいものとなっています．また，本来は多くの処理が必要になるような複雑な命令であっても，高水準言語では簡潔に記述できるようになるため，効率的なプログラミングが可能になります．例えば，特定の OS 上で用いることが前提の言語であれば，その OS で代表的に用いられる処理系統を 1 つの命令としてまとめていたり，ウェブアプリ開発に特化した言語では，ネットワーク通信に関する処理を短い記述だけで実行できたりします．

a.　低 水 準 言 語

　プロセッサが直接実行することが可能な，もっとも原始的なプログラミング言語のことを機械語と呼びます．機械語は CPU に直接入力されるビット列で構成されます．機械語では，**命令コード**とその対象である**オペランド**をセットとして扱うことが多いです．ビット列で表記される機械語は CPU が直接処理可能だが，人間にとっては理解が難しいという問題があります．そこで機械語を人間にとって理解しやすいように書き換えた**アセンブリ言語**が開発されました．機械語が 0 と 1 のビット列で表記されるのに対して，アセンブリ言語は英単語や記号を用いた**ニーモニック**によって表記されます．ニーモニックは機械語の命令と 1 対 1 で対応しており，実質的には機械語と同等の処理を行うことになりますが，機械語よりは日常言語に近くなっていて可読性が高くなります（図 4.15）．このような，機械語と機械語に近いアセンブリ言語のことを低水準言語と呼びます．例として，アセンブリ言語 CASL II で足し算を行うプログラムを図 4.16 に示します．

　低水準言語では，個々の命令は単純になりますが，メモリのロードや保存なども逐一明示的に指示する必要があるため，記述するべき量が膨大になりやすく，プログラマにとっては非効率的であることも多いです．また，計算機のプロセッサやメモリ構造などに対する知識も必要になります．さらに，プロセッサの種類やバージョンなどが変わるだけで実行可能な命令の種類などが変わることもあ

図 4.15　機械語とアセンブリ言語

```
ラベル          命令コード              オペランド
SAMPLE1        START
               LD                   GR1, =5            ;GR1 に 5 を代入
               LD                   GR2, =3            ;GR2 に 3 を代入
               ADDA                 GR1, GR2：算術加算    ;GR1 に GR2 を加算
               RET
               END
```

図 4.16　足し算を行うアセンブリ言語プログラム

り，ハードウェアに強く依存するというデメリットもあります．

　一方で，低水準言語のメリットとして，個別のハードウェアの特性に合わせて
プログラムを柔軟に組むことが可能になるため，それぞれのハードウェアに合わ
せて最大限のパフォーマンスを発揮させることができる点があげられます．高水
準言語を用いる場合でも効率的なプログラミングを行う上でハードウェアの構造
や処理方法を理解することは必要になりますが，低水準言語によるプログラミン
グを体験することで理解を深めることができます．

b. 高 水 準 言 語

　直接プロセッサに入力することを想定した低水準言語に対して，機械語に翻訳
してから実行することを前提とした高水準言語があります．低水準言語がハード
ウェアに合わせてひとつひとつの命令を具体的に記述する必要があるのに比べ
て，高水準言語はハードウェアや OS などの固有の環境を極力無視するような抽
象的な記述が可能です．高水準言語では利用するシステムに合わせた開発環境の
構築さえしておけば，プログラムの記述方法に関してはハードウェアに依存しな
いことが多く，そのため，実行環境に依存しない汎用性の高いプログラミングも
可能です．

　また，高水準言語では数式や自然言語に近い人間の思考に沿った構造での記述
が可能になり，機械語で記述する場合には複数の命令が必要な処理を 1 つにまと
めることで低水準言語と比べて記述量は少なくすみます．そのため，可読性に優
れ，計算機に対する専門知識がなくてもプログラミングが可能で，入門者にとっ
てのハードルも低くなります．可読性が高いという特徴は，大規模なシステムを
複数人で開発する際の安定的な運用や保守において重要な要件であり，現状のシ
ステム構築では高水準言語が用いられています．一方で，高水準言語は言語処理
系による機械語への翻訳という作業が必要なため，低水準言語よりは実行時間と

計算資源の面で負担は増えるというデメリットもあります．高水準言語にはこのようなデメリットも存在しますが，計算機の性能が発展したことに現在ではより広く普及しています．

　現在普及している多くの言語では新しい機能が開発され続けており，パッケージやライブラリの追加によってこれらの機能を利用することが可能になります．この開発のペースや追加される機能によって，プログラミング言語の流行りや多く用いられている分野などの指針とすることもできます．多くの場合，このような情報を参考にしつつ，自分の目的や各言語のメリットとデメリットを考慮しながら利用する言語を決めることになります．一方で，前節で述べたように各言語では構成要素などの共通点は多く，類似した言語も存在しているため，1つの言語を習得すれば，類似した他の言語も容易に習得できることも多いです．そのため，1つの言語だけに固執する必要もないということができます．また，現在普及している多くの言語は汎用性をもっているので，1つの言語のみで網羅できる範囲も広まりつつあります．

　高水準言語から機械語への翻訳を担う言語処理系は，翻訳元の言語で記述されたテキストを解析し，翻訳先の言語に変換します．これは日本語を英語に翻訳するのと同じような一種の翻訳ソフトと位置づけることができます．言語処理系の実行手順の例としては，字句解析，構文解析，意味解析，コード生成の順で処理されます．まずは記述されたプログラムのifや四則演算記号など実行文と変数名などの字句を分解し，つながりや関係性などの構文を解析します．その後，構文の正しさや実行可能性を判断するために意味を解析し，問題がなければ機械語のコードを生成します．プログラミング言語が自然言語と比べて構造や文法面において強い制約が要求されるのは，解析と翻訳の精度を低下させないためです．

4.6.2　主なプログラミング言語

　これまでに，高水準言語として以下のような言語が開発されている．これらは代表的な一部の例であり，他にも多数存在しています．

　FORTRAN：1957

　FORTRAN（フォートラン）は世界最初の高水準言語です．名前の由来は"FORmula TRANslation"であり，数値計算やシミュレーションなどを得意とするため，科学技術計算などによく使われています．

　LISP：1958

　LISP（リスプ）は "LISt Processor" の略語で，リスト処理型の言語です．すべての処理をリストの形で表現するため，関数型言語の代表とされることも多いです．リストによる記号の表現は人工知能との相性がよく，人工知能開発で多く使われてきました．

COBOL：1959

　COBOL（コボル）という名称は "COmmon Business Oriented Language" の略語で，事務処理向けに開発された言語です．自然言語に近い形での記述が可能で，可読性が高いという特徴があります．企業の事務システムや業務システムなどで多く使われています．

BASIC：1964

　BASIC（ベーシック）という名称は "Beginner's All-purpose Symbolic Instruction Code" の略語で，名前の通り初心者向けの汎用言語です．入門者の学習に広く用いられていた時期があり，高校の教科書に載っていたこともあります．

C：1972

　軽快かつ高速に作動するため，リソースに余裕がない家電製品などにも多く用いられています．この点において，高水準言語の中では低水準言語に近いといえます．C++（シー・プラスプラス，シープラなど）や C#（シー・シャープ）などの後継も開発されており，現在普及している多くの言語に影響を及ぼしています．

Java：1995

　C 言語をもとに，オブジェクト指向を取り入れて作られた汎用言語です．仮想マシン（Java VM：Java Virtual Machine）上で動作するため，プラットフォームに依存せずに実行できます．

Python：1991

　データ分析や人工知能の開発において多く使われています．構文や文法がシンプルであり，誰が書いても同じ内容になりやすいという特徴をもちます．

JavaScript：1995

　Web ブラウザ上で用いる目的で開発された言語です．Web ページの作成からアプリまで，Web 上のサービスで幅広く用いられています．

　これらの高水準言語には構文や文法の違いはありますが，基本的な構成要素の記述においては類似点が多くあります．例えば，for を用いた繰り返し処理については表4.6 のようになります．

表 4.6　言語ごとの違い（例：繰り返し処理）

Python による記述	`for i in range(10):` 　　`繰り返す処理`

C，Java, JavaScript による記述	`for(int i=0;i<10;i++){`
	　　`繰り返す処理`
	`}`

BASIC による記述	`For i=1 To 10`
	　　`繰り返す処理`
	`Next i`

a.　言語処理系による違い

　機械語以外の言語で記述させたプログラムを機械語に翻訳するための**言語処理系**としては，インタプリタ（interpreter）方式とコンパイラ（compiler）方式の2つが存在しています．

　インタプリタ方式では，実行する際に1行ずつ逐次"翻訳→実行"します．この方式では，元の言語の状態のまま処理が進んでいくのでデバッグ[†]が容易になるという特徴があります．データの処理や変数の値の上書きなどが1行ずつ実行されるため，処理の経過や変数に代入されている値が随時確認できることから，エラーが発生する箇所やその理由を特定しやすくなります．一方で，翻訳と実行の両方の手順が毎回必要になるため，コンパイラ方式よりも実行速度が遅くなりやすいです．

　コンパイラ方式では，実行する前にすべてまとめて機械語に翻訳（コンパイル）しておき，実行時には機械語のプログラムを処理します．一度コンパイルしておけば，その後内容を変更しないかぎり翻訳なしで実行できるため，頻繁に実行する場合などに必要になるリソースが少なく，処理にかかる時間も短いという特徴があります．コンパイラ方式のC言語が家電製品などのシステムに多く用いられてきたのもこの利点によります．一方で，コーディングしてから実行する前にコンパイル作業が必要になるため，コードの修正と実行を繰り返す場合は手間がかかります．アセンブリ言語もアセンブラによって機械語に翻訳されてから実行されるという意味でコンパイラ言語に分類できます．図4.17は方式による違いを示しています．

[†] バグを検出・修正すること

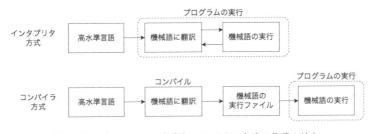

図 4.17　インタプリタ方式とコンパイラ方式の作業の流れ

b.　プログラミングパラダイムによる違い

　プログラミングの表記方法の違いとしてプログラミングパラダイムがあります．本来はプログラミング言語ごとの分類ではなく，思考や表現の仕方の違いを表すものですが，なかには特定のパラダイムと関連が強い言語も存在します．代表的な考え方として手続き型，関数型，オブジェクト指向などがあげられます．

　手続き型とは，処理する内容を手順として記載していく考え方です．機械語と同じように，変数の上書きや，結果の出力などを順番に行うことが想定されています．

　関数型とは，すべての処理を関数によって表現する考え方です．引数を戻り値に変換するという関数のみでプログラムを記述します．手続き型が変数の値を書き換えながら処理を進めていくのに対して，関数型では関数の評価結果を受け渡しながら処理を進めていくことが想定されています．そのため，意図しない値が変数に代入される危険性が低下し，保守性の高いプログラムが簡潔に記述できるという特徴をもちます．

　オブジェクト指向とは，プログラム全体をオブジェクト単位で分割する方法です．オブジェクトごとに管理することができるので，大規模なシステムであっても，保守や管理がしやすいプログラムが記述できます．共通するデータや操作をもつオブジェクトは**クラス**（class）として定義されます．クラス自体は抽象化された枠組みであり，具体的なオブジェクトを生成する際に用いられます．現在ではクラスの利用は多くの言語で採用されています．関数が複数の処理や手続きをまとめたものであるのに対して，クラスはデータやそのデータに対する処理操作をまとめたものと捉えることもできます．クラスが内部で保持するデータを**データ属性**（data attribute）と呼びます．さらに，クラス内部では，クラス内のデータ属性の処理操作を目的とした関数を定義することができます．このようにしてクラ

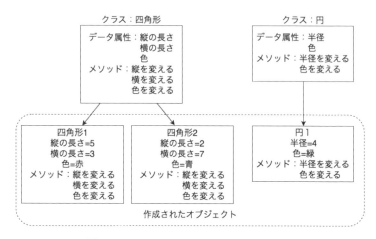

図4.18　クラスを用いたオブジェクトの生成

ス内部で定義された関数は，クラスに関連づけられた**メソッド**（method）と呼ば
れます．クラス内部のデータ属性をクラス外部から隠すカプセル化によって，オ
ブジェクトごとの独立性を高めることもできます．例えば，画面上に四角形や円
を配置する描画ソフトでは，四角形や円がクラスとして定義できます．図4.16
では，四角形クラスから四角形を2個，円クラスから円を1個生成した状態を示
しています．

参　考　文　献

1.　吉田洋一：『零の発見』，岩波新書，1989

2.　A. V. Aho, E. Hopcroft, J. D. Ulman, "Data Structures and Algorithm", Addison-
Wesley, 1983.

3.　A. V. Aho, E. Hopcroft, J. D. Ulman, "The Design and Analysis of Computer Algo-
rithm", Addison-Wesley, 1974.

4.　石畑清：『アルゴリズムとデータ構造（岩波講座ソフトウェア科学3）』，岩波書店，
1989.

5.　L. Page, S. Brin, R. Motwani, and T. Winograd. The pagerank citation ranking:
Bringing order to the web, 1998

5

情報ネットワーク

　情報を離れたところに効率的に届けることは，古くから社会にとって重要な課題でした．人や馬などを使って手紙を届けるシステムを構築したり，狼煙（のろし）によって物理的な運搬を必要とせずに素早く情報を伝達するなど，さまざまな工夫がなされてきました．その工夫は現代まで脈々と続き，いまではコンピュータ通信が私たちの生活を支えています．飛行機，演劇，病院などの予約システム，銀行のオンラインシステム，図書館の蔵書検索などいたるところでコンピュータ間をつなぐネットワークシステムが使われています．

　ネットワークシステムとは複数のコンピュータや端末をネットワークにより接続して情報の共有や伝達を効率的に行うことを目的としたシステム全体を指します．そのネットワークもコンピュータ技術と情報通信技術の発展に伴ってさまざまな形態をとりながら発展してきました．多様なネットワークが相互に接続されたインターネット上では，知識や意見，思想，創作物などの知的情報がやりとりされています．本章では，インターネットをはじめ私たちの生活を支えるコンピュータ通信を中心にネットワークシステムのアーキテクチャと仕組みについて述べます．

5.1　ネットワークコンピューティング

　電気信号によるネットワークシステムは，主として音声を伝達する媒体（情報伝達メディア）として発展してきました．日本では1890年に電話サービスが始まってから均等なサービスを提供すべく，公共性を重視した運営が行われてきました．社会経済の進展は電話の普及を促すとともにニーズは多様化しデータ通信等のコンピュータ間通信，ファクシミリ等の書画通信，映像通信等をサービスするための通信ネットワークが構築されてきました．すなわち音声に加え，文字，イメージ，

図5.1　スタンドアロンのコンピュータ同士の情報交換

映像へと広がった情報通信メディアが構築されてきました．このように多様な種別の情報を統合的に扱うことをマルチメディアと呼びます．

　今日，ほとんどのマルチメディア情報はデジタル化され，コンピュータにより管理されています．コンピュータは単独でもさまざまな情報処理が可能です．このように他のコンピュータと通信せずに機能する状態を**スタンドアロン**（stand-alone）と呼びます．パソコンを買ってきた直後を考えてみましょう．マウスや，キーボード，ヘッドセットなどの入力装置によりデータが入力できます．また，アプリケーションソフトウェアによりデジカメ写真や住所録，家計簿を管理するなど，さまざまな処理が可能です．さらにプリンタなどの出力装置を利用して処理結果を取り出すこともできます．しかしスタンドアロンでは，目的ごとに各コンピュータの周囲機器やソフトウェアを充実させなければいけません．また，処理した情報を共有するにはいったんデータを記録メディアに保存して物理的に運ぶしかありません（図5.1）．これでは，せっかくコンピュータの処理能力が高くても，使える範囲が限定されて効率が良くありません．これを解決するにはコンピュータ間を接続させるネットワークシステムが必要となります．

　コンピュータの普及とともに，デジタル情報や処理機能を共有するネットワークシステムが利用されるようになりました．最初は限られた狭い範囲のコンピュータ同士を接続する LAN（Local Area Network）が利用されてきましたが，やがてより広域に任意のコンピュータ間でも情報を交換したり，負荷を分散したりするようになりました．このようにネットワークへの接続を前提としてシステム全体で情報を処理する形態のことをネットワークコンピューティングと呼んでいます．

5.2 LAN

　管理された特定の範囲内でコンピュータ同士が接続できるネットワークシステムのことを LAN と呼びます。**構内通信網**とも呼ばれ，学校や工場，病院，企業などの区域内に設置されたコンピュータや周辺機器を接続します。図 5.2 に LAN の構成例を示します。同じ組織内のパソコン同士でプリンタを共有したりできるようになります。また，電子ファイルの管理に特化したコンピュータであるファイルサーバを置くことで，複数のコンピュータ間で同じファイルを共有することができるようになります。

　LAN の多くはネットワークを利用する組織自身がネットワークを構築し，運用

図 5.2　LAN による機能と情報の共有の例

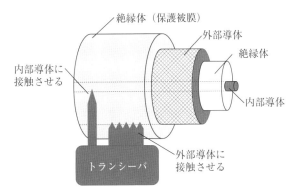

図 5.3　同軸ケーブルの構造とトランシーバ

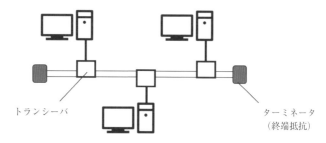

トランシーバ

ターミネータ
（終端抵抗）

図 5.4　同軸ケーブルによるイーサネットの接続例

します．初期の LAN では 1 本の同軸ケーブルを敷設して利用していました．**同軸ケーブル**は図 5.3 のような構造をしています．内部導体と呼ばれる 1 本の銅線を絶縁体で覆い，その周りを外部導体と呼ぶ網状に編んだ銅線で包み，さらに外部を保護皮膜により覆います．外部導体を基準の電位として，内部導体に信号の電位を加えることで情報を転送することができます．各コンピュータはトランシーバと呼ばれる装置によってケーブルに接続され，導体の電位を測定，制御することで情報をやりとりします．このように 1 本だけの伝送媒体を共有して通信する形態を**バス型**と呼びます（図 5.4）．

　バス型のネットワークでは，複数のコンピュータが同時に情報を送ろうとすると信号が混信して通信が失敗してしまいます．この状態を**衝突**もしくは**コリジョン**（collision）と呼びます．一般にネットワークに接続されたコンピュータが増えるに従って衝突の確率が高くなります．通信が失敗すると無駄にネットワークが使われたことになるために効率が低下します．結果的に一定時間内に正常に転送できる情報量も低下します．このように実際に負荷が加わる状況を考慮した場合に，単位時間に転送できる情報量のことを**スループット**（throughput）と呼びます．その単位として bps(または bit/sec)を使います．一般にスループットはネットワークがもつ最大の速度には達しません．例えば，1Gbps のネットワークであっても，スループットはそれ未満となってしまいます．衝突によるスループットの低下を防ぎ，LAN 上で複数のコンピュータが効率よく通信するためには，ネットワークにデータを送信する権利を適切に制御する必要があります．このような制御を**アクセス制御**と呼びます．

5.2.1　イーサネット

　LAN に複数のコンピュータが接続されたとき，衝突を回避しながらデータを送受する仕組みとして**イーサネット**（Ethernet）という標準的な仕様がよく使われます．イーサネットは **IEEE**（The Institute of Electrical and Electronics Engineers）の 802.3 委員会によって標準化されています．イーサネットではコンピュータなどデータを送受する端末のことをホストと呼びます．初期のイーサネットは同軸ケーブルを用いたバス型ネットワークが主に使われていたため，**CSMA/CD**（Carrier Sense Multiple Access / Collision Detection）と呼ばれるアクセス制御方式が導入されています．どのホストも CSMA/CD の規則に従えば，いつでも送信を始めることができます．ホストは送りたい情報を **MAC**（Media Access Control）**フレーム**と呼ばれるデジタルデータのまとまりとして送ります．

　イーサネットでは，すべてのホストに **MAC アドレス**と呼ばれる 48bit の識別子がつけられています．MAC アドレスは 1byte ずつ区切り，16 進数を用いて表記されます．例えば，1A：2B：3C：A1：B2：C3 のように表されます．MAC アドレスの構成を図 5.5 に示します．MAC アドレスは原則として機器固有の番号となるように考えられています．通常はベンダが製品を出荷する段階で各機器に付与します．48bit のうち上位 2bit はアドレスの種類を表し，続く 22bit はベンダ識別子に使われます．さらに続く下位 24bit はベンダが自由につけられます．各ベンダは仕様を管理する IEEE に登録することで，固有のベンダ識別子を取得します．1 つのベンダ識別子ごとにおよそ 1,700 万ほどのアドレスしか作れない

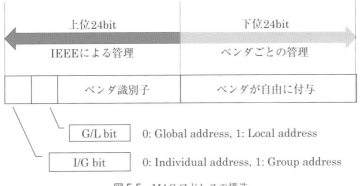

図 5.5　MAC アドレスの構造

図 5.6　MAC フレームのフォーマット

ため，同じベンダでも複数のベンダ識別子をもつことは珍しくありません．

　図 5.6 に MAC フレームの基本的な構成を示します．ネットワーク上には多く
のホストが接続されているので，どのホストからどのホストに送られたフレーム
かを区別できる必要があります．そのためフレーム上には送信元と宛先の MAC
アドレスを示すデータ領域が用意されていて，各ホストは自分宛てのフレームを
見分けられます．フレームにはそのほかにもネットワークで送受するのに必要な
情報が付加されます．本来送りたいデータの前に加えられる制御用の情報のこと
をヘッダと呼びます．MAC フレームのヘッダ長は 14byte です．また，MAC フレー
ムの最後には届いたデータが誤っていないか確認するための情報として FCS
（Frame Check Sequence）が付加されます．送りたいデータはフレームのデータ
部に格納します．データ部は 46 から 1500byte までの可変長となっています．

5.2.2　CSMA/CD

　フレームの衝突が起きる可能性がある範囲をコリジョンドメインと呼びます．
フレームを送信したいホストは，最初にコリジョンドメイン内の通信状況を確認

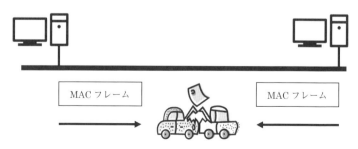

図 5.7　MAC フレームの衝突（コリジョン）

します．これを**キャリア検知**（Carrier Sense）と呼びます．他の信号が流れていなければフレームの送信を開始します．流れている場合は送信を待機し，流れていない状態となるまで待ってから送信を開始します．この方式では，特に送信の順序は指定されずどのホストも送信可能となるため**多重アクセス**（Multiple Access）と呼ばれています．これによりコリジョンドメイン内の衝突は抑制できますが，完全になくすことはできません．図 5.7 のようにケーブルが長い場合を考えてみましょう．離れたホストが送信しているフレームの信号は到達するのに時間がかかるため，その間に別のホストが送信を開始してしまう場合があります．その結果，ケーブル内で衝突してしまいます．

ホストはコリジョンドメイン内の信号を監視しているため，異常な信号パターンによって衝突を検出できます．この仕組みを**衝突検知**（Collision Detection）と呼びます．送信中のホストは，衝突を検知するとすぐに送信を中止します．また，コリジョンドメイン内の他のホストに衝突を知らせるために**ジャム信号**（Jam signal）を送信します．その後，ランダムな長さの時間だけ待ち，キャリア検知から再送処理を試みます．この時間のことを**バックオフ時間**（Backoff time）と呼びます．ネットワークが混雑しているときに何度も再送を繰り返すと，衝突が頻発して効率が悪くなってしまいます．そこで，各ホストは衝突カウンタと呼ばれる値を管理しています．衝突カウンタはフレームを送ろうとした時点で 0 に初期化され，衝突するごとに 1 ずつ増やしていきます．衝突カウンタが一定の値（通常は 16）になると，それ以上は再送しようとせず送信失敗として処理します．イーサネットでは，CSMA/CD を利用することで同軸ケーブルなどの伝送媒体における衝突の問題を軽減させています．

5.2.3　イーサネットの伝送媒体

初期のイーサネットでは同軸ケーブルが使われましたが，現在は**撚り対線ケーブル**（Twisted Pair Cable）が主流です．複数の銅線 8 本を 2 本ずつペアにして撚り合わせた構造をしています．電線の対をシールドで保護しているものを **STP**（Shielded Twisted Pair）**ケーブル**，していないものを **UTP**（Unshielded Twisted Pair）**ケーブル**と呼びます．STP ケーブルは比較的扱いが難しいことから，UTP ケーブルのほうが LAN ケーブルとして一般によく普及しています．撚り対線ケーブルでは，送信と受信に 4 組のうち 2 組ずつ撚り対線を使うことができるので，送信と受信を同時に行う全二重通信が可能です．しかし，1 つの撚り

対線には両端点に 1 つずつのホストしか接続することができません．同軸ケーブルには複数のホストが接続できますが，送受信を独立して同時に行うことはできませんでした．このように送受信のどちらか片方向しか処理できない通信を**半二重通信**と呼びます．

　撚り対線ケーブルは最大の伝送速度などにより，カテゴリ分けされています．主な仕様を**表 5.1** に示します．

表 5.1 イーサネットの伝送媒体

カテゴリ	最大伝送速度	最大周波数	イーサネットの規格
カテゴリ 3 （CAT3）	10Mbps	16MHz	10BASE-T
カテゴリ 5 （CAT5）	100Mbps	100MHz	100BASE-TX
カテゴリ 5e（CAT5e）	1Gbps	100MHz	1000BASE-T
カテゴリ 6 （CAT6）	1Gbps	250MHz	1000BASE-T/TX
カテゴリ 6a（CAT6a）	10Gbps	500MHz	10GBASE-T
カテゴリ 7 （CAT7）	10Gbps	600MHz	10GBASE-T

これらを使うイーサネットの規格は次のような形式で示されます．

　（例）　1000BASE-T

　最初の数字は最大の伝送速度を Mbps で示します．次の BASE はベースバンド方式であることを表します．**ベースバンド方式**とはデジタル信号をそのまま直流の電気信号に変換して送る方式です．続くアルファベットはケーブルの種別を示します．T または TX は撚り対線，F は光ファイバを意味します．例の場合，最大伝送速度 1Gbps でベースバンド方式を用い，カテゴリ 5e の撚り対線を用いる仕様であることを表しています．このほかにも同軸ケーブルを使う古い規格である 10BASE2 や 10BASE5 があります．また，今後発展すると考えられる 40Gbps に対応する規格などが考えられつつあります．

5.2.4　スイッチングハブ

　UTP ケーブルを使う場合，ケーブルの途中に別の機器を接続することはできません．そのため，ネットワークを構築するには複数のケーブル同士を接続する必要があります．そのような機能を提供する装置がスイッチングハブ（Switching Hub）です．単にスイッチと呼ばれることもあります．スイッチングハブは UTP ケーブルを接続するためのポートを複数もちます．したがってスイッチングハブが中心にあるスター型のネットワークトポロジを形成します．コンピュータなど

のホストにも UTP ケーブルを接続するポートが必要です．パソコンでは LAN コ
ネクタと呼ばれることもあります．ホストから見てネットワークに接続される境
界点を**ネットワークインタフェース**（Network Interface）と呼びます．装置にネッ
トワークインタフェースをもたせるための増設カードを **NIC**（Network Interface
Card）と呼びます．

　スイッチングハブは MAC アドレステーブルを管理しています．これは各ポー
トに接続されているホストの NIC がもつ MAC アドレスを表形式で管理している
と考えることができます．スイッチングハブにフレームが届くと，送信元の MAC
アドレスを調べ，MAC アドレステーブルの受信ポートのエントリに登録します．
すでに登録されている場合は特に変更しません．このように各ポートに収容され
ている MAC アドレスを登録していく処理を **MAC アドレス学習**と呼びます（図
5.8）．また，スイッチングハブはフレーム上の宛先 MAC アドレスを調べ，MAC
アドレステーブルに登録されていれば，そのポートにフレームを転送します．もし，
宛先アドレスが登録されていなければ，利用可能となっているすべてのポートに
同じフレームを転送します．

　スイッチングハブに接続されたホストはいつまでも同じポートに接続されてい
るとは限りません．電源が切られることもありますし，違うポートに接続し直さ
れたりもします．もし，スイッチングハブが MAC アドレステーブルにいったん
登録した情報を使い続けてしまうと，接続されているポートとは異なるポートに

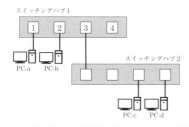

スイッチングハブ1のMACアドレステーブル（登録されるPC）

PC-aからPC-bにフレームを送信		PC-bからPC-aにフレームを送信		PC-cからPC-bにフレームを送信		PC-dからPC-bにフレームを送信	
ポート番号	MACアドレス	ポート番号	MACアドレス	ポート番号	MACアドレス	ポート番号	MACアドレス
1	PC-a	1	PC-a	1	PC-a	1	PC-a
2		2	PC-b	2	PC-b	2	PC-b
3		3		3	PC-c	3	PC-c, PC-d
4		4		4		4	

図 5.8　MAC アドレス学習の例

誤ってフレームを転送してしまいます．そこで，一定の時間が過ぎてもフレームを送ってこない MAC アドレスはエントリから削除します．これにより実際の接続状態と MAC アドレステーブル上の管理の食い違いを防ぎます．この処理のことを**エージング**（Aging）と呼びます．

　スイッチングハブは，MAC アドレス学習により通信に関係のないポートへのフレーム送信を減らします．また，同じポートに複数のフレームを送信しなくてはいけない場合には，装置内にフレームを一次保存してから順番に処理することで衝突を回避することができます．さらに UTP ケーブルによって全二重通信を行うことで，ケーブル両端からのフレームの衝突を回避することができます．したがって，CSMA/CD によるアクセス制御が不要なネットワークを構築することができます．

5.2.5　近距離無線通信

　無線通信はケーブルを使わず，遠隔にある機器同士で情報をやり取りするための通信方式です．その中でも比較的近い範囲をつなぐ技術として**無線 LAN** と**無線 PAN**（Personal Area Network）があります．これらを合わせて**近距離無線通信**と総称することがあります．

　無線 LAN は，電波を利用して LAN を構築するための通信方式です．**Wi-Fi** とも呼ばれ，家庭でもビジネスでも，街中でも非常に普及が進んでいます．無線 LAN は半径 100 ～ 300m 程度までの無線通信をねらいとし，ブロードバンド通信を実現させていることが特徴です．IEEE が標準化を進め，IEEE 802.11 シリーズとして仕様がまとめられています（表 5.2）．1999 年に制定され広く普及した IEEE 802.11b は最大伝送速度が 11Mbps であり，その後も高速化に向けた努力

表 5.2　主な IEEE 802.11 シリーズの規格

規　格	周波数帯域	最大伝送速度	チャネル数	チャネル幅
802.11a	5GHz 帯	54Mbps	19	20MHz
802.11b	2.4GHz 帯	11Mbps	13※	22MHz
802.11g	2.4GHz 帯	54Mbps	13	20MHz
802.11n	2.4/5GHz 帯	600Mbps	13（2.4GHz 帯）/ 19（5GHz 帯）	20/40MHz
802.11ac	5GHz 帯	6.9Gbps	19（5GHz 帯）	20/40/80/160MHz

※ 日本国内では 14

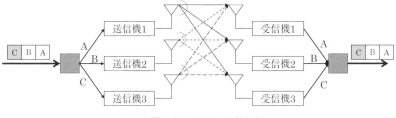

図 5.9　MIMO の考え方

が続けられて，2009 年に標準化された IEEE 802.11n は最大 600Mbps の伝送を
実現しています．

　高速化の手法の 1 つに MIMO（Multiple Input Multiple Output）があります．
MIMO を使う通信機器は，送信側も受信側もアンテナを複数もつ必要があります．
送信側では送りたいデータの流れを複数の信号に分割し，それぞれ異なるアンテ
ナから同じ周波数帯を使って同時に送信します．受信側では送信側から送られた
複数の電波の合成波を受信することになります．複数の受信アンテナを利用する
ことで，合成波からそれぞれのデータの流れを抽出し，合成してもとのデータの
流れを得ます．送受信のアンテナ数は一致する必要はありません．送受信アンテ
ナの少ない方の数だけデータの流れを分けることができます（図 5.9）．これによ
り理論上はその数分だけ高速化することができます．IEEE 802.11n さらに
IEEE 802.11ac では Gbps クラスの利用が可能になっています．IEEE 802.11n
では最大 4 本のアンテナが利用可能だったのに対し，IEEE 802.11ac では最大 8
本までとなっています．

　無線 LAN 用には主に 2.4GHz 帯と 5GHz 帯の電波が使われます．一般に，早
くから使われてきた 2.4GHz 帯は 5GHz 帯と比べて混雑していることが多いが，
回折性があるため障害物のある環境に強い傾向があります．また，2.4GHz 帯は
電子レンジが加熱用に使っている電磁波の周波数帯と重なるため，電波干渉と
なって通信品質を低下させる恐れがあります．5GHz 帯はそのような電波干渉は
ありませんが，障害物には弱いです．

　無線 PAN は無線 LAN よりも限定された個人が管理する範囲を想定し，おお
むね半径 10 から 20m 程度までの無線ネットワークを提供します．代表的な仕様
として Bluetooth や ZigBee，IrDA などがあります．IrDA は，赤外線を利用し
て無線通信を可能にします．手軽にモバイルデバイス間の情報交換を可能にする

ことから普及しましたが，直接赤外線が届く範囲に制限されるため近年では電波を用いた通信が主流です．Bluetooth と ZigBee はどちらも電波による無線通信を提供します．これらは無線 LAN に比べて低消費電力である点が特徴です．Bluetooth は IEEE 802.15.1，ZigBee は IEEE 802.15.4 と ZigBee Alliance で標準化されています．Bluetooth は ZigBee に比べて高速通信が可能で，バージョン 2.0 では最大通信速度が 3Mbps となっています．そのため，音楽などマルチメディア情報などにも対応可能です．一方で ZigBee の最大通信速度は 250kbps と，Bluetooth ほど高速ではありません．しかし数十 mW 以下まで低消費電力で動作させることができます．間欠的に通信させればより省電力化させることができ，電池を用いて月〜年単位の長期間利用することも考えられます．またスケーラビリティが高く，ZigBee 同士で約 65,000 ものノードを接続することができ，PAN でありながら大規模なネットワークを構築可能です．ここでスケーラビリティとは，規模が大きくなっても，同じ技術やシステムで対応できる特性を指し，一般的に情報ネットワークでは高いことが望ましいと考えられます．Bluetooth，ZigBee は 2.4GHz 帯の周波数帯を利用します．

これらよりも近い範囲で無線通信を提供する技術に NFC（Near Field Communication）があります．およそ 10cm 程度の範囲で通信することが想定され，駅の改札やコンビニ等での電子決済に使われています．

5.2.6　無線 LAN 通信

多くの場合無線 LAN は，基地局となるアクセスポイント（AP，Access Point）を中心とするスター型のネットワークトポロジで構成されます．コンピュータなどの無線ノードとアクセスポイントは，前項で述べた IEEE 802.11 シリーズで規定された仕様に基づいて接続されます．802.11 シリーズでは，この形態で接続することを**インフラストラクチャモード**（infrastructure mode）と呼びます．これとは別に無線ノード同士が，アクセスポイントによる中継なしに直接接続することができるモードを**アドホックモード**（ad hoc mode）と呼びます．

インフラストラクチャモードのアクセスポイントは，BSSID（Basic Service Set Identifier）と呼ばれる 48bit の識別子をもちます．通常 BSSID は，アクセスポイントの NIC がもつ MAC アドレスが使われます．また，接続される無線ノードの識別にも MAC アドレスが使われます．アクセスポイントにはさらに ESSID（Extended Service Set Identifier）と呼ばれる識別子を設定します．ESSID は最

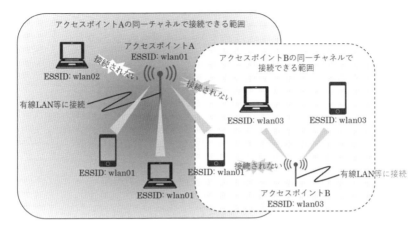

図 5.10   無線 LAN の接続イメージ（インフラストラクチャモード）

大 32 文字までの英数字による文字列です．無線 LAN では，同じ ESSID をもつ無線ノードとアクセスポイントだけが通信できます．また，複数のアクセスポイントに同じ ESSID を与えることで，1 つの無線 LAN にまとめて運用することも可能です．すなわち，ESSID は無線 LAN の識別子と考えることができます．実際にはセキュリティのため，許可された無線ノードだけが無線 LAN に参加できるように認証が行われます（図 5.10）．

　無線 LAN では，利用する周波数帯を細かく区切り，チャネルという単位で利用します．2.4GHz 帯では 13 チャネル，5GHz 帯では 19 チャネル用意されています．ただし，2.4GHz 帯では隣接するチャネルの周波数が重なっているため，干渉せずに同時に使おうとすると 3 チャネルしか使えません．したがって，複数

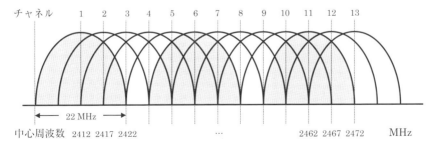

図 5.11   無線 LAN のチャネルと周波数の関係（2.4GHz 帯）

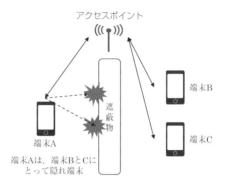

(a) 隠れ端末となる例

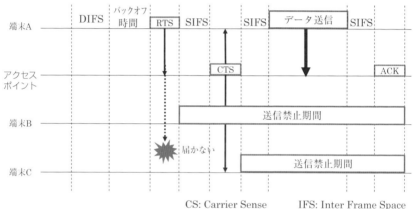

CS: Carrier Sense   IFS: Inter Frame Space
RTS: Request to Send   DIFS: Distributed IFS
CTS: Clear to Send   SIFS: Short IFS
Ack: Acknowledgement

(b) CSMA/CAの動作

図 5.12　隠れ端末の例と CSMA/CA の動作

の無線ノードがアクセスポイントに接続される場合は衝突が発生する可能性があ
ります．そこで，無線 LAN でもアクセス制御が必要になります（図 5.11）．

　無線 LAN の 通 信 方 式 は CSMA/CA（Carrier Sense Multiple Access with
Collision Avoidance）と呼ばれます．まず，送信しようとする無線ノードは，
CSMA/CD と同様に衝突を抑制するためにチャネルに対してキャリア検知を行い，
他のノードがチャネルを使用している場合は空くまで待機します．一方で，チャ

ネルが空いていると判断した場合も，直ちに送信を開始することはしません．無線 LAN は電波による通信であるため，他のノードがチャネルを利用していても，検知できていない場合があることを考慮しているためです．この問題を**隠れ端末問題**といいます．キャリアセンスを続けながらランダムな長さの時間（バックオフ時間）だけ待機し，それでもチャネルが空いていると判断できた場合には，送信を始めることを他の端末やアクセスポイントに伝えるための RTS（Request to Send）信号を送ります．この信号を受けたアクセスポイントは CTS（Clear to Send）信号を送ります．RTS や CTS を受信した他の無線ノードは送信禁止の状態となります．アクセスポイントが CTS を送ることで，直接 RTS を届けることができない端末にもチャネルが使われることを知らせることができます．受信側のノードが正常にデータを受信完了したら，**確認応答**（Ack：Acknowledgement）信号を送信し，送信側のノードがそれを受信することでデータの送受が完了します（図 5.12）．

5.3　インターネット

　今日，世界中の電子デバイスやコンピュータ間で情報を交換できているのは，

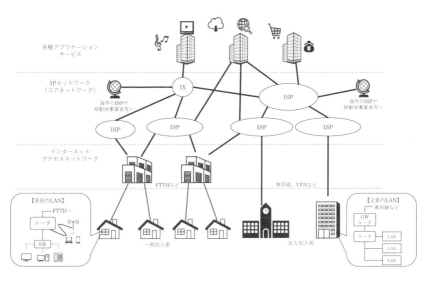

図 5.13　インターネットの構造

インターネット（the Internet）によるところが大きいといえます．インターネットは，単一のネットワークではありません．さまざまな組織が運用する異なるネットワークが，相互に接続された巨大なネットワークのネットワークとして存在しています．新しく作られたネットワークは，インターネットに参加することで世界中につながることができるようになります．図5.13にインターネットの構造について簡略に示します．

　一般の家庭や企業や大学などの組織が運用するLANは，FTTH（Fiber to the Home）や専用線，VPN（Virtual Private Network）などのアクセスネットワークを経由して，加入している**インターネットサービスプロバイダ**（ISP，Internet Service Provider）に接続されます．FTTHは，光ファイバを用いて主にISPと加入者を接続します．また，専用線やVPNは，拠点間を結ぶネットワークを利用者ごとに確保します．ISPは自身のネットワーク内に用意したメール機能などを提供するだけでなく，他のISPなど異なるネットワークとも情報流通を可能とします．ISP同士で直接接続することを**ピアリング**と呼びます．ISPはインターネット上のすべてのISPとピアリングする必要はありません．すでに自分のネットワークより広範に接続しているISPに接続することができれば，そこを経由することでピアリングしている範囲外のネットワークとも通信することができます．この接続形態を**トランジット**と呼びます．一般にISPは，ピアリングとトランジットを合わせて使うことで，インターネット全域との接続性を確保しています．また，インターネット上では，効率的にネットワーク同士を接続するために，IX（Internet eXchange）と呼ばれる相互接続サービスが提供されています．多くのネットワーク事業者がIX上で相互に接続するため，交差点に例えられることもあります．IXはISP同士を相互接続させるために運用されていて，通常は一般の加入者は直接接続できません．

　このようにインターネットでは，複数のネットワークを経由して通信を行う必要があります．そこでインターネットでは，IP（インターネットプロトコル，Internet Protocol）という共通の仕様を定めて使用しています．これにより，はじめて通信を行う異なるネットワークの間であっても，宛先の端末まで正常にデジタル情報を届けられるように動作します．ここで**プロトコル**（Protocol）とは，データを送受信するための手順を定めたものを意味し，通信規約と訳されます．LANにおいて使われるイーサネットもプロトコルです．発信側と宛先側の端末とネットワークの境界を跨いだ通信ではIPが使われています．IPに基づいて情報を中

継する機器をルータと呼びます.

インターネットでは加入者同士の通信だけでなく,さまざまなアプリケーションサービスが提供されています.音楽や動画配信,ネットショッピング,ゲーム,インターネットバンキング,チケット予約,情報検索など,枚挙にいとまがありません.アプリケーションサービスの機能を提供するソフトウェアが動作するコンピュータを**サーバ**と呼びます.特にインターネット普及の原動力となったWEB(World Wide Web)サービスにはWEBサーバが必要です.WEBサーバはインターネット上のサービスにとって基盤的なものであり,ほとんどのアプリケーションサービスの構成に不可欠なものとなっています.サーバもアプリケーションを提供するネットワークの中に置かれていて,他のネットワークと接続することで,インターネット上の任意のネットワークからアクセス可能となります.

5.3.1　アクセスネットワーク

インターネットを利用するには,相互に接続し合うIPネットワークのどれかにアクセスする必要があります.一般の家庭では,家庭内のLANと加入しているISPの間を接続する伝送路が必要です.そのために使われるネットワークをアクセスネットワークと呼びます.初期には電話回線などの比較的低速な通信網が利用されていましたが,光ファイバなどを利用したブロードバンドアクセスサービスと呼ばれるより高速な通信方式が使われるようになりました.

光ファイバ通信は,金属ケーブルによる電気信号の伝送に比べて長距離で高速の通信を実現しました.伝送の原理は,第1章に詳しく説明があります.光ファイバではあらかじめ決めた波長の光の点滅によりデジタル信号を伝送します.電気信号と光信号を相互に変換する装置が比較的高価であることや,光ファイバは金属ケーブルに比べて扱いに注意が必要であることから,一般的なLANの中では使われていません.しかし,光ファイバを扱いやすくするための工夫も進められています.例えば,折り曲げ可能な光ファイバが実用化されており,LANの中でも利用が進む可能性があります.一方で,LANの通信がまとめられて高速大容量となった信号を,離れたネットワークに転送するのには非常に適しています.家庭LANでも,インターネットなど外部のネットワークに接続するのに光ファイバ通信はよく使われ,FTTHサービスとして広く普及しています.FTTHでは最大100Mbps ～ 1Gbps程度のアクセスサービスが提供されています.また,高速長距離伝送に向けた技術革新は続けられており,1本の光ファイバ上でも複数

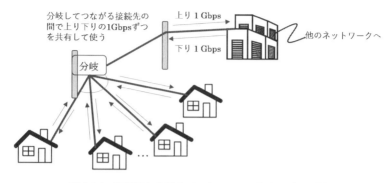

分岐してつながる接続先の間で上り下りの1Gbpsずつを共有して使う

上り 1 Gbps

他のネットワークへ

下り 1 Gbps

分岐

…

図 5.14　FTTH におけるベストエフォートサービスの例

の波長を使ったり，変調技術や多重技術の発展により 100 ～ 400Gbps のようなさらに高速な通信も導入され始めています．

　一般に**FTTH はベストエフォートサービス**（Best Effort Service）として提供されています（**図 5.14**）．ここでベストエフォートという言葉は，規定された最高の品質に向けてできるだけ近づくようにサービスを提供するという意味で使われます．例えば，FTTH で 1Gbps のベストエフォートサービスと表記されていた場合，もっともよい条件で使用した場合，最大の通信速度が 1Gbps となる可能性があることを指します．ネットワークは他のユーザなどとも共用されています．そのため，個々のユーザだけでなく同じ伝送路や設備を使う他のユーザの利用状況にも依存します．

5.3.2　インターネットプロトコル

　IP においても，イーサネットと同様にデジタルデータのまとまりをつくり，宛先まで届けることを考えます．IP ではこのデジタルデータのまとまりのことを **IP パケット**（IP packet）と呼んでいます．パケットとは英語で小包を意味します．実際の小包では宛先の受取人と住所を指定して郵便や宅配便等のサービスに配達を依頼します．また，低温環境や丁寧に扱うなど，運び方を指定することもあります．これらの情報が書かれた送り状は，荷物を配達する業者に見えるように貼り付けられています．IP パケットも実際に送りたいデータである IP ペイロードに，送り主と宛先やネットワーク内の扱いを指定する IP ヘッダを組にして構成されます．IP ペイロードはデータ部と呼ばれることもあります．IP ヘッダはネットワー

表 5.3 IPv4 パケットにおける各フィールドの意味

フィールド	意味
バージョン	IP のバージョン番号
ヘッダ長	IP ヘッダのデータ長（byte）
サービスタイプ（ToS）	サービスの優先度，品質などの指定
データグラム長	IP パケット全体のデータ長（byte）
ID	複数の IP パケットに分割された場合，元の情報を再構成するのに使われる識別子
フラグ	複数の IP パケットへの分割の可否，分割された場合の最後のパケットかどうかを示す
フラグメントオフセット	複数の IP パケットに分割された場合，全体のどの部分のデータかを示す
TTL	IP パケットがネットワーク内で存在できる期間を示す
プロトコル番号	上位層のプロトコルを示す番号
ヘッダチェックサム	IP ヘッダ部分の誤りを検出するための情報
送信元 IP アドレス	IP パケットの送信元の IP アドレス
送信先 IP アドレス	IP パケットの送信先の IP アドレス
オプション	付加的な情報

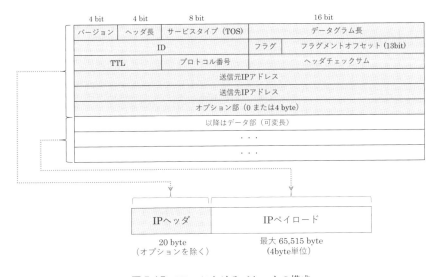

図 5.15 IPv4 におけるパケットの構成

ク内の機器が参照します．現在 IP には IPv4（IP version 4）と IPv6（IP version 6）の2種類があります．IPv4 から IPv6 への移行が進められていますが，現状主流として使われている IPv4 における IP パケットの構成を図 5.15 に示します．

IP のもっとも重要な目的は，送信元から宛先の IP アドレスまで IP ペイロード

に収容されたデータを届けることです. そのためネットワーク内のルータはIP
ヘッダに書かれた宛先IPアドレスを参照して送り先を決定し, 次のルータへIP
パケットを転送します. ルータはそれぞれ経路表をもっています. **ルーティング
テーブル** (routing table) とも呼ばれます. 経路表には, 宛先IPアドレスに応
じて次に転送すべき機器のIPアドレスが管理されています. IPネットワークで
は, 各ルータが次々とルータに転送していくことで, 最終的な宛先までIPパケッ
トを届けようとします. この様子はよくバケツリレーに例えられます (図5.16).
このようにパケットごとに転送経路を決めて順に送る方式のことを**パケット交換
方式**と呼びます. これに対して, 発信元から宛先まであらかじめ経路を確保して
おき, 通信を継続している間は同じ経路によってデータが運ばれる方式のことを
回線交換方式と呼びます. 電話サービスは回線交換方式により提供されてきまし
た. 回線交換方式では確保された経路に沿って安定した通信速度や品質を提供す
ることができます. しかし, 経路を設定するのに時間がかかってしまいます. こ
れを**接続遅延**といいます. 電話サービスでは電話番号が入力されてから相手との
接続が完了するまでの時間です. 一方でパケット交換方式は回線の設定が不要な
ため, 宛先がネットワークに散在していてもデータにヘッダをつけて即座に送信
することができます. このことから, パケット交換方式はネットワークコンピュー
ティングなどのデータ通信に適しているといわれています. コンピュータ間の通
信で成り立つインターネットも, IPによるパケット通信を採用しています. イン
ターネットの発展によりIP通信が広く普及し, 近年では電話などの音声通信も

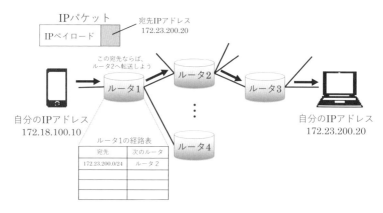

図5.16　IPネットワークにおけるパケットの転送

IP によって転送するケースが増えています．音声を IP により転送することから，VoIP（Voice over IP）と呼ばれます．

5.3.3 IP アドレス

IPv4 の IP アドレスは 32bit の数値です．デジタル機器の内部では 2 進数で処理されますが，桁数が大きくなると人には扱いが難しくなるため，**ドット付き 10 進数表記**（dotted decimal notation）が使われます．32bit を 8bit ずつ区切り，それぞれの部分を 10 進数に変換します．その結果できた 4 つの 10 進数をピリオド（ドット）で区切って並べ，32bit の IP アドレスを表現します（図 5.17）．

IP ネットワークでは接続されるデジタル機器などをホストと総称します．インターネットにおけるすべてのホストとルータには 1 つ以上の IP アドレスが付与されている必要があります．ただし，IP アドレスは自由に付与することはできず，属しているネットワークが指定する条件に従う必要があります．IP アドレスの 32bit の情報は，所属するネットワークを表すネットワーク部と，ホストを識別するためのホスト部に分けられます．ネットワーク部は IP アドレスのうち最上位ビットから使います．ネットワーク部が終わった次から最下位ビットまでがホスト部となります．同じネットワーク内にあるホストは，ネットワーク部として共通の値をもちます．同じネットワーク内で共通に使われるネットワーク部は**ネットワークプレフィックス**（network prefix）と呼ばれることもあります．ネットワーク部とホスト部の境目は自由に設定することができますが，どこが境目か見分けられるようにしておく必要があります．そこで IP アドレスの後にスラッシュ（/）と数字をつけて，/24 のように表現します．これは最上位から何ビット目までが

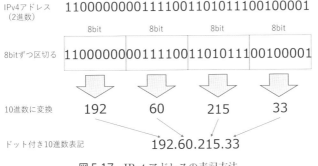

図 5.17 IPv4 アドレスの表記方法

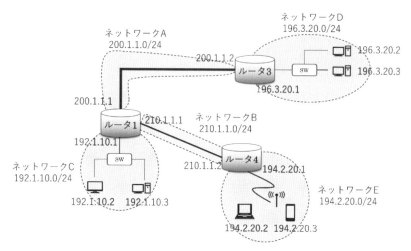

図5.18　IPネットワーク相互の接続例

ネットワーク部となっているかを示す情報で，**ネットワークマスク**（network mask）と呼ばれます．また，ネットワークプレフィックスの長さを示すので，**プレフィックス長**と呼ばれることもあります．図5.18ではネットワークAからEまで5つのネットワークが相互に接続されています．例えば，ネットワークCでは，ネットワーク内のアドレスが192.1.10.xxxの形式となっていることに気づきます．このネットワークは192.1.10.0/24なので，上位から24bitがネットワークプレフィックスです．ドット付き10進数表記では，上位側から3つ目の10進数まででちょうど24bitを表すので，192.1.10が共通に使われていることと符合しています．

　プレフィックス長を指定する別の方法として**サブネットマスク**があります．サブネットマスクでは，IPアドレスのネットワーク部をすべて1に，ホスト部をすべて0に置き換えたものです．例えば/24では，11111111.11111111.11111111.00000000となります．通常はこれをドット付き10進数表記にするので，/24は255.255.255.0となります．

　ホストアドレスはネットワーク内のホストに自由に割り付けることができますが，1つのネットワーク内ではホスト部が重複してはいけません．また，ホスト部をすべて0としたアドレスを**ネットワークアドレス**と呼び，ネットワーク自身を表すために使われます．ホスト部をすべて1としたアドレスを**ブロードキャス**

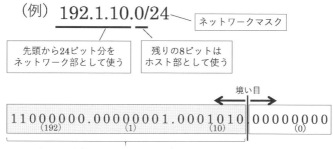

図 5.19　IP アドレスとネットワークマスク

トアドレスと呼び，ネットワーク内のすべてのホストを宛先として指定したい場合に使います．したがって，ネットワークマスクを N bit とすると，1 つのネットワーク内では最大で $2^{(32-N)}-2$ だけのホストに IP アドレスを割り付けることができます．

　IP ネットワークではネットワーク同士の境界には必ずルータが置かれます．境界となっているルータでは 1 台の機器であっても，ネットワークインタフェースごとに異なるネットワークの一部として機能します．境界にあるルータはパケットが届くと宛先に応じて適切なネットワークに中継する役割をもちます．これによってネットワーク同士の接続が可能となります．

　インターネット上のネットワークは，固有のネットワークアドレスをもっている必要があります．IP アドレスは ICANN（Internet Corporation for Assigned Names and Numbers）という国際組織により管理されていて，申告により払い出されます．組織ごとに固有のネットワークアドレスが払い出され，ネットワーク内部ではホスト部の重複がないことから，インターネット上で流通する IP アドレスは原則として唯一無二の識別子となります．IP アドレスの管理は全世界にわたるため，国や地域単位にわけて管理を行うための階層的な組織が整備されています．日本におけるアドレス管理は JPNIC（Japan Network Information Center）が行っています．

　インターネットの急激な普及に伴い，IPv4 アドレスは 2011 年にすべて払い出されてしまい，IP アドレスの数が不足した状態が続いています．これを IP アドレスの枯渇問題と呼んでいます．当初，ネットワークプレフィックスは /8，/16，/24 に相当する 3 種類しか選べませんでした．それぞれをクラス A，クラス B，

クラスCと呼びます．ネットワークプレフィックスを長くすると多くのネットワークを作ることができますが，ホスト部が短くなって収容できるホストは少なくなります．クラスCではホスト数が足りないと考えた場合，クラスAかクラスBしか選べず，不必要に多くのホストを収容できるネットワークが増えてしまいます．その結果IPアドレスの利用効率が下がり，急激にアドレスが不足していくことになりました．その対策として，ネットワークプレフィックスを /8，/16，/24以外にも設定できるように仕様を変更し，アドレスにおいて任意のビット数のネットワークプレフィックスを利用可能としました．ネットワークプレフィックスを3つの固定的なクラスとして使っていた方式を撤廃したと考えられるので，**クラスレスドメイン間ルーティング**（CIDR，Classless Inter-Domain Routing）と呼ばれます．CIDRは1993年にIETF（Internet Engineering Task Force）により標準化されました．ホストを多く収容できるネットワークを大きなネットワーク，逆に少ししか収容できないものを小さなネットワークと呼びます．CIDRの導入により不必要に大きなネットワークが使われなくなり，IPアドレスの効率的な割り当てが可能となります．しかし，ネットワーク部とホスト部の境目を指定しなければなくなり，ネットワークマスクやサブネットマスクを利用する必要が生じました．

　インターネットに接続して通信するには，インターネット上で唯一無二の重複しないIPアドレスを割り当てる必要があります．このようなIPアドレスを**グローバルアドレス**と呼びます．すでに述べた通りICANNの払い出したネットワークアドレスとネットワーク内で重複しないように定められたホストアドレスの組によってグローバルアドレスは決めることができます．しかし，自分のネットワーク内でしか通信しないホストにまでグローバルアドレスを割り当てると，ホストアドレスが足りなくなってしまいます．そこで，ネットワークの中でしか通用し

表5.4　プライベートアドレス（IPv4）

クラス	プライベートアドレスとして使える範囲		ネットワークごとに収容可能なホスト数
A	10.0.0.0 ～ 10.255.255.255	10.0.0.0/8	16,777,214
B	172.16.0.0 ～ 172.31.255.255	172.16.0.0/12	65,534
C	172.168.0.0 ～ 192.168.255.255	192.168.0.0/16	254

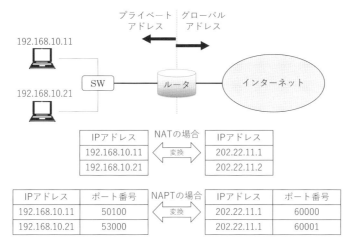

図 5.20　NAT と NAPT の動作例

ないプライベートアドレスが用意されています．プライベートアドレスはインターネット上では流通しないため，複数のネットワークで重複してしまっても問題ありません（表 5.4）．

　プライベートアドレスを与えられたホストであってもインターネットに接続する必要が生じる場合があります．そのためには，プライベートアドレスとグローバルアドレスを変換する NAT（Network Address Translation）が置かれます．NAT はいくつかのグローバルアドレスを管理しておき，ホストが通信している間だけパケット上のプライベートアドレスをグローバルアドレスに変換してインターネットと接続させます．このとき，プライベートアドレスとグローバルアドレスは一対一で対応させるため，同時にインターネットと接続できるホストの数は NAT が管理するグローバルアドレスの数によって制限されてしまいます．そこで，ポート（Port）と呼ばれる別の識別子も利用して，1 つのグローバルアドレスを複数のプライベートアドレスと対応させ，より多くのホストをインターネットと同時に接続できるようにした NAPT（Network Address Port Translation）がよく使われます．

5.3.4　IP パケットの転送

　IP とイーサネットは，両方とも送信元，宛先のアドレスを指定してデジタルデー

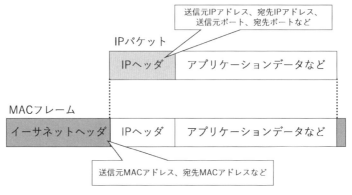

図 5.21　MAC フレームと IP パケットの関係

タのまとまりを送る機能を提供します．しかも，両方とも同時に動作してデータ
が送受信されます．その関係について説明します．イーサネットを利用する場合,
IP パケットは MAC フレームの中に格納されて送られます．IP ヘッダには送信
元とゴールとなる宛先の IP アドレスが書かれています．

　ホストやルータなどの IP 機器は送るべき IP パケットをもっているとき，宛先
の IP アドレスと経路表から次に送る IP 機器の IP アドレスを決定します．経路
表には，ネットワークプレフィックスごとに次に送るべき IP アドレスが指定され
ています．次に転送される IP アドレスなのでネクストホップと呼ばれます．IP
機器は，宛先 IP アドレスと最も長く一致しているネットワークプレフィックスの
項目を選んでネクストホップとします．この方針のことを最長プレフィックス一
致（Longest prefix match）といいます．各 IP 機器はインターネット上のすべて
の IP アドレスに対してネクストホップを決めておこうとすると経路表がとても大
きくなってしまいます．そこで，自分の LAN から他のネットワークへの出入り
口となるルータの中で特別なルータを指定します．もし経路表にネットワークプ
レフィックスが一致する項目がなかった場合には，そのルータをネクストホップ
にします．このようなルータをデフォルトゲートウェイ（Default Gateway）と
呼びます．ネクストホップが決まっても，IP ヘッダには最初に送り出した送信元
とゴールとなる宛先の IP アドレスが書かれたままです．

　経路表をどのように記述するかによって，IP パケットが通る経路は大きく変わ
ります．経路表を人が入力して固定的に使う方法をスタティックルーティングと

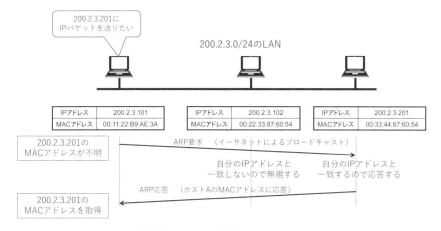

図5.22　アドレス解決のシーケンス例

呼びます．一方でIP機器の間で情報をやり取りし，ネットワークの状況によっ
て自動的に経路表を作成する方法を**ダイナミックルーティング**と呼びます．ダイ
ナミックルーティングを実現するために多くのプロトコルが実現されています．
組織内のネットワークでは最短経路を探索するアルゴリズムに基づく OSPF
（Open Shortest Path Fast）が有名です．

　ネクストホップが決まったら，IP機器はそこへ IPパケットを送ろうとします．
ネクストホップは，IP機器が所属している LAN 内のいずれかのホストに設定さ
れているはずです．しかし各 LAN には多くの機器が接続されていて，どの機器
あてに IPパケットを含む MAC フレームを送ればよいのか見分けられません．そ
こで送信元のホストは，ネクストホップの IP アドレスをもつホストに応答を求め
るため，LAN 内にブロードキャストを利用して全体に問いかけます．該当するホ
ストは自分の MAC アドレスを送信元ホストに応答します．これにより送信元の
ホストは，ネクストホップの IP アドレスと MAC アドレスの組を管理することが
できます．この処理は**アドレス解決**と呼ばれ，**ARP**（Address Resolution Proto-
col）というプロトコルにより実現されています．以降は得られた MAC アドレス
あてに直接 MAC フレームを送ることができるので，その中に IP パケットを乗せ
ればネクストホップまで転送することができます（図 5.22）．

5.3.5 IPv6

a. インターネットの歴史と IP アドレスの枯渇問題

　インターネットの歴史は，1969 年に 4 つの離れた拠点を接続し合うネットワークが構築されたことに始まるといわれています．このプロジェクトは ARPANET（Advanced Research Projects Agency Network）と呼ばれ，米国の国防総省による資金提供によって進められました．最初の ARPANET では，UCLA（カリフォルニア大学ロサンゼルス校），UCSB（カリフォルニア大学サンタバーバラ校），ユタ大学，スタンフォード研究所が共通のパケット通信方式により結ばれました．その後研究が進み，1981 年には今日のインターネットでも使われている TCP/IP の基本的な仕様が公開され，基本的なプロトコルが TCP/IP に切り替えられました．1983 年には切り替えが完了しています．1986 年には NSF（全米科学財団，National Science Foundation）がネットワークの管理を引継ぎ，研究教育組織間のネットワークとしてさらに発展を続けました．1990 年ごろから各国で商用利用が進むと，ネットワークの規模が一層急速に成長してきました．

　IPv4 アドレスは，32bit のアドレス空間をもち約 43 億ものアドレスが表現できます．そのため，TCP/IP の基本的な仕様が定められた 1980 年ごろには特にアドレス不足に関する心配はされていませんでした．しかし，WEB サービスが加速度的に普及すると利用者の増加により，先に述べた IP アドレスの枯渇問題が現実化してきました．プライベートアドレスの利用や CIDR で問題の軽減をはかりましたが，その後もインターネットは発展を続け，IP アドレスが不足した状況はさらに進みました．これを契機に IPv4 がもつ問題を解決する次世代の方式として IPv6 が盛んに研究され，1995 年以降 IETF では順次仕様を策定しています．

IPv6アドレスの例

2001：0db8：0001：0000：0000：0000：fe25：6b5d

16進数	2進数
2001	0010000000000001
0db8	0000110110111000
0001	0000000000000001
fe25	1111111000100101
6d5d	0110110101011101

図 5.23　IPv6 アドレス

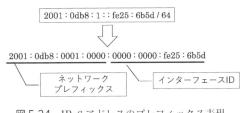

図 5.24　IPv6 アドレスのプレフィックス表現

また，IPv6 による運用も開始されており，徐々に普及が進んでいます．

b.　IPv6 アドレス

IP アドレスの枯渇問題を解決するため，IPv6 は 128bit という非常に大きなアドレス空間をもちます．アドレスは 3.4×10^{38}（340 澗）個以上も表現することができます．2 進数でそのまま表現すると桁数が大きくなってしまうので，16bit ごとにコロン（：）で区切り，4 桁の 16 進数を 8 つ使って表記します（図 5.23）．しかし，それでも桁数が大きいので，以下のように短く表現するためのルールが定められています．

【ルール 1】　「：」で挟まれた中で上位の 0 は省略できる

　　例　0db8 → db8，0001 → 1

【ルール 2】　複数の 0 が続く部分は，1 つのアドレス内では 1 か所だけ「：：」と表記できる．

　　例　2001：0db8：1：0000：0000：0000：fe25：6d5d → 2001：0db8：1::fe25：6d5d

IPv4 アドレスはネットワーク部とホスト部に分けて使われていました．IPv6 アドレスでも同様にネットワークを表すネットワークプレフィックスと個々のインターフェースを表すインターフェース識別子（ID）に分けられます．また，ネットワークプレフィックスの長さは「/ ビット数」で表します．一般的にプレフィックス長は 64bit に設定されるため，128 bit のうち半分ずつでネットワークとインターフェースを表現していると考えられます（図 5.24）．

c.　アドレスの種類

IPv6 アドレスには大別するとユニキャストアドレス，マルチキャストアドレス，エニーキャストアドレスがあります．ユニキャストアドレスは特定の 1 つのホストに向けてパケットを送信するのに使います．マルチキャストアドレスは同時に複数のホストにパケットを送るために使います．受信する複数のホストはマルチ

キャストグループとして扱われ，共通のグループ ID が設定されたアドレスが与
えられます．IPv4 には，ブロードキャストアドレスというネットワーク内の全ホ
スト宛てに送るためのアドレスがありますが，通信に無関係なホストも受信対象
となってしまいます．IPv6 ではマルチキャストアドレスを用いるため，受信範囲
を特定して無関係なホストの負荷を軽減します．IPv6 ではブロードキャストアド
レスは廃止されています．エニーキャストも複数のホストをグループとして扱い
ます．**エニーキャストアドレス**では，グループとなる複数のホストに対して同じ
アドレスが付与されます．アドレスの形式は後で説明するグローバル・ユニキャ
ストアドレスと同様です．このエニーキャストアドレス宛てにパケットを送ると，
グループ内のもっとも近いホストにパケットが転送されます．

　ユニキャストアドレスはさらに用途に応じて 3 つの種類が用意されています．
主にパケットが到達する範囲で分けることができ，グローバル，ユニークローカル，
リンクローカルがあります．**グローバル・ユニキャストアドレス**はインターネッ
ト上でホストを特定して通信するためのアドレスで，IPv4 におけるグローバルア
ドレスにあたります．**ユニークローカル・ユニキャストアドレス**は，インターネッ
ト上で使うことはできませんが，個別のネットワークの中で比較的自由にアドレ
スを設定して使うことができます．これは IPv4 におけるプライベートアドレス
に相当します．**リンクローカル・ユニキャストアドレス**は，同じネットワーク内
に限ってホスト同士が通信するのに使えるアドレスです．IPv4 にはこれに相当す
るアドレスの種別がありません．リンクローカル・ユニキャストアドレスは，コ
ンピュータが起動されて IPv6 ネットワークに接続されると自動的に生成されま
す．上位 64 bit は FE80：：です．下位 64 bit を決める方法はいくつかありますが，
MAC アドレスをもとに生成することがあります．まず，MAC アドレスの上位 7
bit 目を反転させます．次に MAC アドレスの 48 bit を上位と下位の 24 bit ずつ
にわけ，その間に 16bit の情報（FF:FE）を挿入して補います．リンクローカル・
ユニキャストアドレスを使うとネットワーク内の他の装置と通信ができるように
なるので，NDP（Neighbor Discovery Protocol）を用いてネットワーク内のルー
タへグローバル・ユニキャストアドレスの割り当てを要請することなどができま
す（図 5.25）．

IPv6 に期待される効果

　IPv6 は非常に大きなアドレス空間を持つことから，従来とは異なった領域への
利用にも期待されています．従来のインターネットは情報や知識を交換すること

グローバルユニキャストアドレス　　プレフィックスは2000::/3

ネットワークプレフィックス
(割り当てるbit数の内訳は一般的な例)

3 bit ※1	45 bit ※2	16 bit ※3	64 bit インタフェースID

※1 2000::/3
※2 所属するISPなどから、各組織などのネットワークに指定される値
　　先頭3bitと合わせて2000::/48 のアドレスを用途に応じて /16 で分けて使用する
　　2001::/16 は、IPv6インターネット用に割り当てられている
※3 サブネットID
　　各組織のネットワーク内でサブネットを指定するために使う

ユニークローカルユニキャストアドレス　　プレフィックスはFC00::/7

7 bit ※1	1 bit ※2	40 bit グローバルID	16 bit ※3	64 bit インタフェースID

※1 FC00::/7
※2 通常は1に設定されるため，上位8 bitはFD00/8で使われることが多い
※3 サブネットID

リンクローカルユニキャストアドレス　　プレフィックスはFE80::/10

10 bit FE80::/10	54 bit すべて 0	64 bit インタフェースID

マルチキャストアドレス　　プレフィックスはFF00::/8

8 bit FF00::/8	4 bit フラグ	4 bit スコープ	112 bit グループID

図 5.25　IPv6 アドレスの種類と構造

を中心に使われてきました．これに対して M2M（Machine to Machine）や IoT（Internet of Things）と呼ばれる領域が注目を浴びています．M2M は機械を監視・制御するコンピュータ同士がネットワークを介して情報を交換し，システム全体として効率や利便性を向上させようとする考え方です．また，IoT では実際に存在するあらゆるモノをインターネットに接続することを目指しています．特定の閉じたネットワークではなくインターネットを介することで，広く任意の利用者やモノ同士が連携でき，新たなサービスへの適用が期待されます．いずれもコンピュータだけでなく多くのモノをインターネットに接続することが前提となるため，非常に多くのアドレスが必要となります．そのため IPv6 に期待がかけられています．

　IPv6 では，セキュリティへの配慮も追加されています．基本的にグローバルアドレスを利用する IPv6 は，所属等が明確になるため IPv4 よりも安全であると言われます．さらに IP パケットに対する暗号化技術の 1 つである IPsec（Security Architecture for Internet Protocol）により，IP パケットのヘッダを保護して送

信者のなりすましを防いだり，ペイロードを保護して通信内容の改ざんや覗き見を防止することができます．

　そのほか IP パケットにフローラベルフィールドが追加されています．このフィールドでインターネットにおける経路の品質確保や優先制御を指定することで，適切な伝送品質を提供することが期待されます．また，IP アドレスの自動設定機能は利便性と設定ミスを防ぐ効果が期待されます．

　IPv4 で発展してきたインターネットを短期間に一斉に IPv6 に変更することは困難です．そのためコンテンツを両方式でアクセスできるようにして提供することや，新たな用途に IPv6 を利用することを推進することで徐々に移行が進んでいくと考えられます．

5.3.6　ドメインネームシステム

　ドメインネームシステム（DNS：Domain Name System）とは，インターネット上の個々のコンピュータの IP アドレスと，そのコンピュータの「名前」とを対応づけるシステムです．本来，通信や情報交換には，IP アドレスがあればよいのですが，IP アドレスのような数値記号は，人間にはなじみにくいので，このようなシステムが考えられました．ドメインとは，ホストの属するグループで，このドメインを階層化することによって，ホストの名前が決定されています．例えば，flower.jwu.ac.jp というホスト名は，日本の（jp），教育機関の（ac），日本女子大学の（jwu），flower というコンピュータを示しています．組織名としては ac が教育機関（academic）を意味し，ad ならネットワーク管理組織，co なら企業，go なら政府機関，or ならその他の組織，ne ならネットワークプロバイダを意味します．人間は，このホスト名を覚えておくことによって，数字の羅列である IP アドレスを意識する必要がありません．電子メールのアドレスの構造を図 5.26 に示します．この構造は世界共通ですが，組織の種類やそれを表す記号は，国によって異なります．

5.4　インターネットアプリケーション

　インターネットでは，メールや WEB，SNS（Social Networking Service），ゲーム，音楽・映像配信など多様なサービスが利用されています．これらはいずれも離れたホスト間のやり取りで実現されます．このようにネットワークを介した情

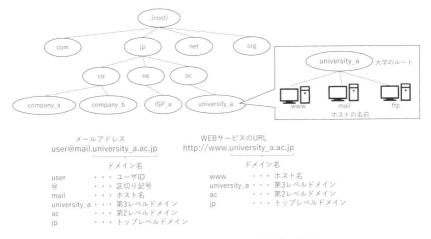

図 5.26　DNS における階層的な名前の管理

報の送信元と宛先の組のことを**エンドトゥエンド**（end-to-end）ということがあ
ります。両端のホストでは，それぞれに情報を処理するためのソフトウェアが動
作しています。離れたホスト上のソフトウェア同士がお互いに連携して動作する
ためにも，標準化された手続すなわちプロトコルが必要となります。

5.4.1　クライアントサーバモデル，ピアツーピアモデル

インターネット上のサービスは，コンピュータネットワークを利用する分散シ
ステムと考えることができます。その多くのシステムは，**クライアントサーバモ
デル**（Client-Server Model，C/S モデル）に従って動作しています。C/S モデル
は，サービスに必要な共通機能を集約して提供するサーバと，利用に必要な個別
の機能をもつクライアントから構成されます（**図 5.27**）。

例えば，多くのユーザやホストが利用するが，常に利用しているわけではない
機能はネットワーク上のサーバが提供することで，効率的で便利に利用できるよ
うになります。一般に C/S モデルは，多数のクライアントに対して比較的少数の
サーバが置かれる形で運用されます。LAN では，印刷を行うためのプリントサー
バや，共通に利用する電子データを保存するファイルサーバが例として挙げられ
ます。この例からわかるように，クライアントは処理の要求を出すシステムであり，
サーバは要求された処理を実行して応答するシステムと考えることができます。

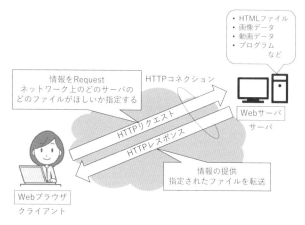

図 5.27 クライアントサーバモデルの例（WEB サービス）

一般的にはサーバはクライアントからの要求なしでは，通信を始めることはありません.

C/S モデルは，通信を行うホストが非対称な機能を持ちます．これに対して，複数のホストが対等な立場にあり，状況に応じて機能を要求したり，応答するモデルをピアツーピアモデル（Peer-to-peer model，P2P モデル）と呼びます．2台のコンピュータが相互に接続して音声通信などを行っている場合などがこのモデルにあてはまります．

5.4.2 WEB サービス

WEB サービスは C/S モデルに分類できます．WEB ページを閲覧する WEB ブラウザ（あるいは単にブラウザ）はクライアントとして動作します．公開されるWEB ページのデータは WEB サーバが管理しています．WEB ページにおける基本的な文書は HTML（Hyper Text Markup Language）と呼ばれる言語で書かれます．HTML の文書では，内容となる文字情報だけでなく，文字の色や大きさなどの装飾，文書中に置かれる画像や動画の指定，それらの配置などが指定できます（図 5.28）．このようにページ内にマルチメディア情報を簡単に組み込むことができることが，広く普及した理由のひとつでもあります．また，文書内には他の文書へのアクセス方法を埋め込むことができます．これをリンクと呼び，表示したときにはクリックするだけで他の WEB ページに移動することができます．

HTML文書の例

```
<html>
<head>
<title>教養のコンピュータサイエンス</title>
</head>
<body>
<span style="font-size: 36px">情報ネットワークのページ
</span>
<p>このページではインターネットについて概説します。
</p>
<hr size=3 width="50%" align=center><br>

<h1>インターネット</h1>
<span style="font-size: 24px; color: #009933">
<h2>歴史</h2>
<h2>機能</h2>
<h2>応用</h2>
</span>

<hr size=3 width="50%" align=center><br>
<h2>（参考）</h2>
<a href=file1.ppt>
・インターネットプロトコル（別ファイル）</a>
<br>
<a href="http://www.othersite.ac.jp/ipv6.html">
・別サイトへのリンク</a>
<br>
<img src="picture.png" alt="説明図IP"width="256"
height="256">

</body>
</html>
```

ブラウザ上の表示例

図 5.28　HTML の文書と表示の例

表 5.5　HTML タグの例

開始タグ	終了タグ	意味
<!DOCTYPE html>		HTML5 に従うことの文書型宣言
<html>	</html>	囲まれる範囲が HTML 文書であることを宣言
<head>	</head>	文書のヘッダ情報の範囲を指定
<body>	</body>	文書の本文の範囲を指定
<title>	</title>	文書のタイトルを指定
<h1>	</h1>	見出しの設定（レベル 1 〜 6）
<h2>	</h2>	
...	...	
<h6>	</h6>	
<hr>	</hr>	水平線を描く
<p>	</p>	段落の指定
 		改行
<a>	</a>	アンカー，リンクの指定
<img>		画像ファイルの指定
<span>	</span>	範囲を指定して制御

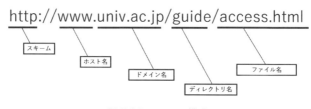

図 5.29　URL の構造

このような特徴を持つ方式を**ハイパーテキスト**（Hyper text）と呼びます．
HTML では，テキスト形式で記述された文字列を**タグ**で囲むことで表示を制御し
ます．HTML におけるタグは "<>" の中に制御内容の指定が書かれたものです．
このように内容となる情報に付加情報を加えられる言語を**マークアップ言語**
（Markup language）と呼びます．

　ブラウザは，利用者に WEB ページを表示するソフトウェアと考えられます．
そのため，WEB サーバに情報を要求するための通信機能，文書の表示方法を知
るための HTML 解析機能，さらに指定されたマルチメディア情報なども含めて
ページを構成して表示する描画機能を持ちます．通信機能において，閲覧したい
情報を指定するには URL（Uniform Resource Locator）が使われます．基本的な
URL では，情報へのアクセス方法を示すスキーム，アクセス先となるサーバのホ
スト名と所属するネットワークのドメイン，要求するファイルのあるディレクト
リとファイル名などが指定されます．アクセスするサーバは IP アドレスでも指定
することができますが，ホスト名とドメインで指定されている場合には，DNS を
利用して IP アドレスを知る必要があります（図 5.29）．

　最も一般的には，HTTP（Hyper Text Transfer Protocol）がスキームとして指
定されます．HTTP はブラウザと WEB サーバ間でよく使われるプロトコルです．
ブラウザからページを要求する HTTP リクエストを送ると，WEB サーバは
HTTP レスポンスとして WEB ページを構成するファイルを返送します．HTTP
リクエストのメッセージは，リクエスト行，メッセージヘッダ，メッセージボディ
に分けられます．リクエスト行には WEB サーバにどのような処理を要求するの
かを示すメソッドが指定されます．HTTP レスポンスのメッセージはステータス
行，メッセージヘッダ，メッセージボディに分けられます．いずれのメッセージ
でも，メッセージボディの前には空白行が入れられます．たとえば，クライアン
トが GET メソッドを指定して HTTP リクエストを送ると，WEB サーバはペー

HTTPリクエストの例

```
GET /index.html HTTP/1.1                                    ←リクエスト行
Accept: text/html, image/png, image/jpeg, （省略）
Accept-Language: ja
Accept-Encoding: gzip, deflate                              メッセージヘッダ
User-Agent: Mozilla/5.0(Compatible; MSIE 10.0; Windows NT 10.0)
HOST:  www.jwu.ac.jp
Connection: Keep-Alive
（空白行）
（メッセージボディがある場合はここに記述）                    ←メッセージボディ
```

HTTPレスポンスの例

```
HTTP/1.1 200 OK                                            ←ステータス行
Date: SUN, 01 Apr 2018 10:00:00 GMT
Server: Apache/*.*.*
Last-Modified: Wed, 29 Feb 2018 21:00:00 GMT              メッセージヘッダ
（省略）
Content-Type: text/html; charset=UTF-8
Content-Length: 4096
（空白行）
<html>
<head>
<title> HTTPレスポンスの例 </title>                          メッセージボディ
（省略）
</html>
```

図 5.30　HTTP リクエストとレスポンスの例

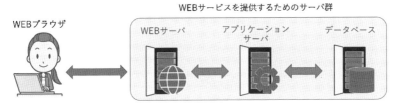

WEBサービスを提供するためのサーバ群

WEBサーバ：フロントエンドとして、クライアントと直接やりとりを行う
アプリケーションサーバ：WEBサーバからの要求に応じてプログラムを実行する
データベース：バックエンドとして、必要なデータを管理する

図 5.31　WEB3 層モデルの構成

ジのデータなどをメッセージボディに格納した HTTP レスポンスを返します（図
5.30）.

　WEB サーバは指定されたファイルをそのまま送るだけではなく，送ってきた
ユーザの情報や状況に応じてコンテンツを生成して送ることがあります．前者を
静的なコンテンツ，後者を動的なコンテンツと呼びます．近年ではオンライン
ショッピングなどの普及が進み，動的なコンテンツが非常に多くなっています.

動的なコンテンツを生成するには，WEB サーバもしくはブラウザ側で処理するためのプログラムが動作する必要があります．そこでより効率良く処理するために，WEB サーバだけでなくアプリケーションサーバとデータベースサーバを加えた WEB3 層モデルを基本としたサーバ構成をとります（図 5.31）．

5.4.3　電 子 メ ー ル

　電子メールは，利用者がメールアドレスを指定した別の利用者に，閲覧可能な形でデータを送るサービスです．メールシステムも C/S モデルを基本として動作しますが，WEB サービスに比べて複雑です．メールを送ろうとするホストでは，クライアントとなるメールソフトなどが動作しています．クライアントは，利用するメールサーバに，SMTP（Simple Mail Transfer Protocol）を用いてメールのデータを転送します．メールサーバは，宛先のメールアドレスを管理しているメールサーバについて DNS に問い合わせて IP アドレスを知り，IP パケット用いてそこへデータを転送します．メールサーバは，サービスを要求したクライアントにではなく別のサーバに情報を送る点が特徴的です．受信したメールサーバはそのメールのデータを保存します．その後，受信側のユーザはメールサーバにアクセスし，保存されたメールを閲覧します．メールを読むためには，POP（Post Office Protocol）や IMAP（Internet Message Access Protocol）というプロトコルがよく利用されます．

5.5　インターネットのアーキテクチャモデル

　ここまでネットワーク内でデータが end-to-end で運ばれる仕組みと，アプリケーションの動作について知りました．本節では，これらがネットワークシステム全体としてどのように連携して動作するのかを説明します．

5.5.1　郵 便 モ デ ル

　情報ネットワークはよく郵便配達の仕組みに似ていると言われます．そこで郵便システムについてアーキテクチャを考えてみましょう．郵便システムは，図 5.32 に示すように階層的な構造として考えることができます．

　手紙の差出人は，受取人のわかる言語で便箋に内容を書きます．効果的に伝えるためには，大事なところに下線をひいたり，きれいな便箋を使い装飾すること

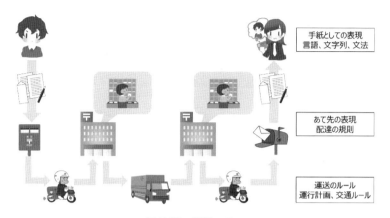

手紙としての表現
言語、文字列、文法

あて先の表現
配達の規則

運送のルール
運行計画、交通ルール

図 5.32　郵便モデル

もあるでしょう．便箋はあて名と住所を書いた封筒に入れられます．次に封筒が
ポストに投函されると，郵便の配達システムに委ねられ，宛先の住所まで運ばれ
ます．宛先を管轄する郵便局まで到達すると，直接住所に届けられます．宛先で
は封筒のあて名を見て手紙を受け取るべき人がわかり，中身の便箋が読まれると
内容が受取人に伝わります．

　このシステムでは，差出人と受取人の間では，共通に内容を伝えるための共通
の方法が必要になります．これは情報ネットワークにおいては共通のプロトコル
を持つことに相当します．情報ネットワークにおけるプロトコルとは，通信のた
めの約束事や手順を定めたものでした．このように各階層ごとにプロトコルが共
通化されていなければ正しく情報を受け渡すことができません．

　差出人は，直接受取人に便箋を渡すことができないため，郵便システムを利用
しています．上の階層から下の階層を利用するとき，サービスを利用するといい
ます．差出人が受取人に伝えたい情報は便箋に書かれた内容だけです．しかし，
サービスを利用するには，宛先など適切な情報を付加する必要があることがわか
ります．

　このように階層構造の横方向ではプロトコル，縦方向はサービスとしてつながっ
ていることがわかります．各階層のプロトコルが他の階層の影響を受けず，互い
に独立に動作できるようにすると，技術の変更に柔軟なシステムを構成すること
ができます．たとえば，郵便を使わずに別の宅配便に変更したとしても，手紙の
書き方には影響がありません．情報ネットワークの場合は技術革新などにより技

術が変わっても，それまでのシステムをそのまま利用できるというメリットがあります．また，手紙の言語や書き方を変えたとしても，郵便システムは共通に使うことができます．このように階層構造をとることで，郵便システムのような大きなインフラを多くの用途に広く柔軟に活用できるというメリットがあります．

5.5.2　インターネットのアーキテクチャ

情報ネットワークのアーキテクチャは，国際標準化機構（ISO）によって策定されたOSIの参照モデル（Open Systems Interconnection/OSI reference model）により整理されています．OSIの参照モデルは7つの階層を持ちます．一方で，インターネットを対象とするTCP/IPモデルではより階層が少なく表現されていて4階層で説明されます．2つのアーキテクチャモデルは図5.33のように対応させることができます．

ここではインターネットのアーキテクチャを説明します．郵便モデルにおける差出人と受取人と同様に，情報ネットワークでもネットワークの両端に通信者がいると考え，上位から順に説明していきます．

アプリケーション層

階層構造の最も上位に位置づけられ，具体的に情報を利用する通信者が直接的に利用する層です．応用層とも呼ばれます．WEBサービスにおけるHTTP，メールサービスにおけるSMTP，POP，IMAPなどはアプリケーション層のプロトコルです．この層では通信者が入力してきた情報をそのまま送るのではなく，両端のソフトウェアが正しく解釈して情報を扱えるように適切なデータ構造に従って

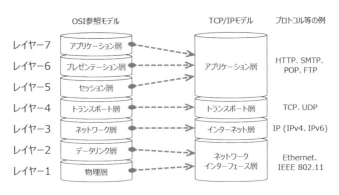

図5.33　OSIの参照モデルとTCP/IPのモデル

整理して送ります．たとえばSMTPでは，メールソフトとメールサーバ，もしくはメールサーバ間で接続関係を確立して情報を送る手順などが定められています．また，電子メールの制御に必要となる，送受信者のメールアドレスや返信先，件名（Subject）などの情報はSMTPヘッダに格納し，メールの本文とは区別して扱えるように様式が定められています．

トランスポート層

トランスポート層のプロトコルは，送信元と宛先のホスト間で確実にデータが到達できるように働きます．同じ送信元と宛先のホスト間であっても，複数のソフトウェアが同時に通信することが考えられます．そのため送受信アプリケーションが正しく通信するには，それぞれ1つのIPアドレスであっても，個々の通信を区別してデータが振り分けできなければいけません．そのためにトランスポート層ではポート番号を使用します．ポート番号は16bitの整数を利用して，0〜65535番まで使えます．

送信元と受信先それぞれにおけるアプリケーションごとにポート番号を設定します．通信を行うときには，トランスポート層のヘッダ内に発着両方のポート番号が書き込まれます．これにより発着のホストを表すIPアドレスと，アプリケーションを示すポート番号の4つの識別子が通信ごとに割り当てられるため，混ざることなく独立の通信が可能となります．具体的には，1つのホスト上の1つのアプリケーションが複数のホストと通信しても，同じ発着ホスト間の複数のアプリケーションが通信しても，それぞれを分離可能です（図5.34）．

ポート番号のうち0〜1023番までは特定のサービスのために予約されていて，自由な用途には使えません．これを**ウェルノウンポート**（Well-Known Port）と

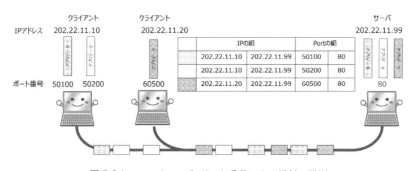

図5.34　IPアドレスとポート番号による通信の識別

呼びます．サーバ上のアプリケーションサービスでは，ウェルノウンポートを使うことで，不特定多数のクライアントからのアクセスを容易にできます．

　トランスポート層には UDP（User Datagram Protocol）と TCP（Transmission Control Protocol）という代表的なプロトコルがあります．UDP はポート番号によってどのアプリケーション間の通信かを識別することを主な機能としてもちます．他にビット誤りを検出する機能がありますが，全体としては最低限の機能のみに抑えられています．これは不要な処理を減らし，即データを送り出せるよう高速性を重視しているためです．これにより，音声や映像通信などリアルタイム性の高い通信に適しています．

　一方で TCP は確実にデータを届けるための工夫が充実しています．アプリケーションからネットワーク経由でデータを送ろうとしても，受信先やネットワークに処理負荷やデータが集中してしまい，正しく届けることができない場合があります．このような状況を輻輳と呼びます．このような状況では，受信先やネットワークの輻輳状況に合わせて，データの送り出し方を制御することが望ましいと考えられます．

　TCP のヘッダにはデータの順序を示すシーケンス番号がつけられます．受信側ではこの番号を確認し，正しく到達していることを確認すると，確認応答（ACK, Acknowledgement）を返送します．送信側は，確認応答が戻らない場合，再送することができます．また，受信側に到達した順序が間違っていれば，正しく入れ替えることも可能です．このように UDP に比べると非常に信頼性の高い通信を実現することができます．

　TCP はシーケンス番号の管理などのため，送受信間に接続関係が必要であることから，コネクション型のプロトコルと言われます．実際の通信より前にコネクション設定のための通信が必要であるため，リアルタイム性が低くなります．また，送信元と受信先の通信距離が長く伝送遅延が大きくなると，確認応答の効率が悪くなり通信速度が低下してしまう傾向があります．そのようなことから，UDP よりもリアルタイム性は劣るといわれます．しかし，WEB サービスや電子メール，またテキストを利用した SNS サービスなどでは，確実にデータが転送されることの方が重要であり，HTTP や SMTP は TCP により制御されます．

インターネット層

　インターネット層は，トランスポート層から渡されたデータを End-to-end に目的のホストまで届ける役割を担います．具体的には，ペイロードにデータを格

納した IP パケットが，受信先の IP アドレスまで送り届けられます．インターネットでは共通の基盤として IP を利用し，さまざまなアプリケーションサービスは上位の層で実現するという思想で作られています．これを Everything over IP といいます．そのため，インターネット層の基本的なプロトコルには IPv4 と IPv6 しかありません．また，伝送方式を変更した場合は，IP の下位層の入れ替えにより対応することができます．これにより技術革新によってより良い通信方式が実現した場合でも対応が容易です．このように階層化されたアーキテクチャのメリットを活かそうとしています．

インターネットは WEB とメールを中心に発展したことから，トランスポート層の TCP と IP の両方が同時によく使われてきました．そのため，別の層の異なる独立したプロトコルではありますが，TCP/IP と表現されることが多くあります．

ネットワークインタフェース層

インターネット層が End-to-end に IP パケットを届けることをねらいとするのに対して，ネットワークインタフェース層は隣接する機器までデータを届けることをねらいとしています．イーサネットはネットワークインタフェース層のプロトコルです．また，IP との関係を繋ぐための ARP もこの層に属します．すでに IP パケットをイーサネットの MAC フレーム内に格納して送ることは述べました．ネットワークインタフェース層では，ケーブルや無線など物理的な仕様についても規定します．

5.5.3　プロトコルスタック

インターネット上で利用される層ごとの代表的なプロトコルを表 5.6 にまとめました．これらのプロトコル群は，TCP/IP を中心に使われるため TCP/IP 参照

表 5.6　インターネットにおける主なプロトコル

レイヤ	主なプロトコル	主な役割
アプリケーション層	HTTP，SMTP，POP，FTP	ネットワークの両端のホストにおけるソフトウエアが正しく情報を処理できるようにデータを整理して送受する
トランスポート層	TCP，UDP	ネットワークの両端のホストが確実にデータを送受できるように通信を制御する
インターネット層	IP（IPv4，IPv6），ARP	ネットワークにの両端のホストの間で，End-to-end に目的のデータを届ける
ネットワークインターフェース層	Ethernet，IEEE 802.11，PPP など	隣接する機器間でデータの送受信機能を提供する

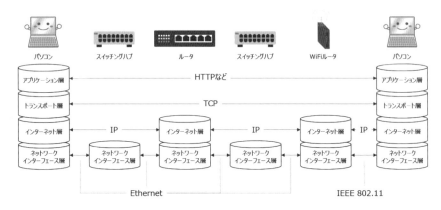

図 5.35　ネットワークにおけるプロトコルスタックの例

モデルと呼ばれたり，**インターネットプロトコルスイート**と呼ばれます．また，
WEB サービスを例にして，ネットワーク内の機器でサポートされるプロトコル
の状況を図 5.35 に示しました．情報は全て IP を利用して運ばれるため，End-
to-end でインターネット層はサポートされます．また，IP が利用するため，下位
層となるネットワークインタフェース層も当然サポートされます．しかし，送り
出したいデータを作り出すアプリケーション層とデータの送り出し方を制御する
トランスポート層は，ネットワークの両端のホストのみがサポートすることが一
般的です．原則としてネットワークの中では通信の内容に影響されずにデータの
転送が行われます．その意味では，トランスポート層まではデジタルデータを正
しく送受信するための仕組みであり，アプリケーション層は情報の内容を適切に
伝えるための仕組みと考えることができます（図 5.35）.

　情報ネットワークでは，さまざまなレイヤのプロトコルが連携しながら動作す
ることで情報の流通を実現しています．また，処理に係る負荷やコスト，利便性
などを踏まえて各装置においてサポートすべきプロトコルは設計されます．必ず
しもネットワーク内ではインターネット層までしかサポートしないのではなく，
通信内容によって経路を変更する場合などはアプリケーション層までサポートす
ることもあります．各装置においてどれだけのプロトコルをサポートするかを決
めることを**プロトコルスタック**と呼びます．実際には各システムの目的やアーキ
テクチャによりプロトコルスタックは設計されます．

情報セキュリティ

6.1 情報セキュリティ

6.1.1 情報セキュリティとは何か，なぜ必要か

　コンピュータ，インターネットなどの IT 環境を利用した情報システムが普及してる現在，情報セキュリティという言葉がよく聞かれるようになりました．情報セキュリティとは，いったい何でしょうか．

　情報セキュリティにかかわるといわれている事件には，以下のようなものがあります．

- 情報漏えい：ある企業の顧客リストが，インターネットを利用して閲覧できるサイトで閲覧可能な状態になっていた．
- 情報書き換え：外部から情報システムに侵入した犯人が，本来ならば権限をもたないデータの書き換え・編集を行った．
- ランサムウェア被害：コンピュータに，意図せずにインストールされたランサムウェアによって，記録されているデータが無断で暗号化され，それを復号することを条件として，犯人が金銭を要求する．

　なぜ，このような事件が，情報セキュリティの事件と呼ばれるのでしょうか．それは，情報セキュリティという言葉がどのように定義されているを理解することが必要です．

6.1.2 情報セキュリティの 3 要素 CIA

　情報セキュリティとは，（広い意味での）情報システムが，次の 3 つの性質をすべて満たすようにすることであり，その考え方も含みます．

機密性（confidentiality）　対象となる情報を見ることができる権限をもつ者以外

の者が，情報を見ることができないようになっているという状態（状況）．

完全性（integrity）　対象となる情報を正しく利用・復元できるように，データが正確に保存されている状態（状況）．

可用性（availability）　対象となる情報を利用する必要があるときに，不都合なく利用できるようになっている状態（状況）．

　これらは，情報セキュリティの3要素ともいわれ，しばしば，その頭文字をとって「情報セキュリティのCIA」と呼ばれます．

　このとき，前節の例は，以下のように説明ができます．

- 情報漏えいは，機密性の問題
- 情報書き換えは，完全性の問題
- ランサムウェア被害は，可用性の問題

　この3要素は，情報セキュリティや，この後に述べる情報リスク・マネジメントを考え，評価していくために，重要な観点となります．

a.　情報の格付け

　情報セキュリティの3要素に従って情報を管理していくにあたり，各情報の格付けを行っておくことが求められます．ここでいう格付けとは，3要素のそれぞれについて，必要性を設定する行為です．具体的には，つぎのように行います．

- 組織の情報システムの管理者権限を行使する際に利用されるパスワードは，機密性が非常に高く，また，必要ならいつでも使えるように可用性も確保する．パスワードである以上，正しく保管されることから，そのパスワードを利用できる期間は完全性も確保される．
- 1ヶ月後に広告・広報資料として用いる予定の資料で，重要性が低い（例えば，

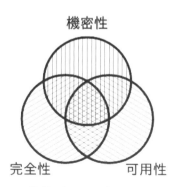

図6.1　3つの性質のすべてを重視しなければならない

株価などに影響がない）ものは，ある程度の機密性が必要であるが，広告・広報を行う際に可用であればよい．

- 企業の所在地の情報は，秘密にするデータではないが，可用性と完全性は必ず求められる．

- パスポート番号は，その個人を特定する重要なデータであるが，旅行にかかわる人には提示してもよい．しかし，その番号が誤っていては役に立たないし，また，スマートフォン以外の機器に保存していないとか，ネットにつながらないと読み出せないという状況では，例えば海外旅行の際の機内や，電話がつながらない外国の街角で困ることになる．したがって，紙に印刷しておくというような可用性の確保も重要である．

上に述べたように情報ごとに，その情報を3つの観点で格付けする際には，その基準を設けておく必要があります．

- 機密性
  - ― 秘密
  - ― 秘密ではないが漏えいは困る
  - ― 秘密でない
- 可用性
  - ― いつでもすぐに使える
  - ― 少し手順が必要だが使える
  - ― すぐには使えないが，ある程度の作業・時間をかければ使える
- 完全性
  - ― 完全に同じデータを保管する
  - ― 完全に同じでなくても，転記されたりしていて，ほぼ同じ（意味が同じ）であればよい
  - ― 上記以外

b. 3つの性質のバランス

情報セキュリティの3要素は，その格付けに応じた管理が必要となります．

例えば，運営上重要なデータを，災害時や機器故障時に備えて，バックアップをとる場合，そのバックアップは，手近なところと，あえて地理的に遠いところに分けて置きます．手近なバックアップは可用性を重視するためですが，遠隔地にバックアップを置くのは，可用性よりも，災害時の完全性を重視しているからです．

　また，ある組織で，停電時に非常電源装置を起動させるために必要なパスワードを，パソコン内部の記憶装置に記録し，他に記録していない，という状況になると，停電時に使えないことになります．つまり，その情報を保管したときの目的に合わせた可用性が確保されてない，ということです．そこで，電池で動作するスマートフォンや，携帯機器に記録させておくことも考えられますが，その場合でも，電池切れというリスクを想定した運用手順が求められます．

6.1.3　セキュリティ要求

　一般に，大学や企業などの団体が情報システムを運用する際には，情報セキュリティを確保することが必要です．しかし，情報セキュリティの専門技術は，非常に高度であるばかりでなく，日々変化しています．そのため，つねに最新の，そして信頼できる情報セキュリティ技術を利用したシステムを運用するためには，情報セキュリティの専門技術者も，日々研鑽していく必要があり，そのような専門技術者を企業が常時確保していくことは，容易ではありません．

　そこで，情報セキュリティを確保するためには，組織内の非専門家が組織外の専門家と対話をして，その組織が必要とする情報セキュリティを伝え，情報セキュリティが確保されたシステムを調達することが望ましい状態です．このようにして調達されたシステムは，組織内部の担当者によって運用されることになります．

　このような，対話による調達の方針は，「情報セキュリティ要求」として制度化されます．

　具体的には，つぎの手順を追います．

1. 情報システムの調達にあたっては，内部のシステム運営者が確保して欲しい要求を精査して列挙する．
2. システムコンサルタントが適切な技術を提案する．
3. その技術に基づいたシステムを，仕様として設定する．
4. システム導入者（ベンダ）が適切な技術を提案する．
5. その提案に基づいてシステムが導入される．

　ここで，システム運営側が，情報セキュリティについて主張する内容は，**セキュリティ要求**と呼ばれます．ここで運営者は，要求した事項がどのように実現されるかについて具体的に指定する必要はありません．その組織の（後述する）情報セキュリティポリシーを参照して，要求を行います．そして，システムコンサルタントが**システム要件**を提案し，ベンダの決定，情報システムの納入に至ります．

6.1.4　情報セキュリティポリシー

　情報セキュリティポリシーとは，組織・団体が，情報資産をインシデントから守るために設定する，大きな方針のことです．

　情報セキュリティポリシーは，組織ごとに異なります．それは，その組織が何を目的としているか，どの国に所在しているか，どんな情報を取り扱っているのかによって，どのような情報を注意して扱うのかが変わるからです．

　企業では社長・経営執行役員の意見が反映され，大学などでは，理事長・理事会・学長などの執行部の意見も反映されることがあります．また，地方公共団体では，知事・市長や議員などの考え方も反映されます．そして，国においては，政府の全体的な方針が影響を与えることになります．

6.2　リスク・マネジメント

6.2.1　リスク・アセスメント

　まず，リスクとは「障害が起こる確率が高い状態，あるいは発生すると被害が非常に大きい障害が予想できる状態」のことをいいます．すでに起こってしまった障害（事故・事件・犯罪）のことをリスクとは呼ばず，インシデントといい，リスクと区別します．

　例えば，「被害は大きくないが，起こりやすそうな障害がある状況」はリスクです．

　リスクを発見して，その仕組みを分析し，発生確率と被害が発生したときの被害（主に金額）の評価（計算），および対策にかける費用の算出を行う一連の作業のことを，リスク・アセスメントといいます．

a.　天災のリスク

　まず，防ぐことができないリスクである天災について考えてみましょう．

　降雨は，日本では日常的に発生しますが，水に濡れたことで困るものを屋外に放置しない，あるいは，袋などに入れておくという対策をとることができる，日常のリスクです．

　いわゆる「大地震」は，日本では，発生頻度はある程度低いとはいえ，確実に大きな被害をもたらす可能性があるため，リスク・アセスメントを行い，リスクとして認知すべきです．しかし，過去数千年にわたり，被害が生じるような地震

を経験したことがない地域では，発生確率を見積ることは容易ではありません．そのため，被害を想定することが困難で，結果としてリスク・アセスメントを行わないこともあります．どのようにすべきかは，関係する人同士で相談して，決めておくべきです．

　人間が知る有史としては観測されておらず，しかし，地学の立場では確実に過去に発生したといえる「巨大な津波を伴う隕石の衝突」は，数万年に1回しか起こらないことから確率がきわめて小さく，もし発生したときには，全地球的災害になることから対策を考えようがありません．

b. 人災のリスク・情報セキュリティのリスク

　人間がかかわるリスクの場合は，危険が事故につながらない（リスクがインシデントにならない）ようにすることが可能です．ここでは，情報セキュリティに関するリスクを考えます．つぎに，表面的に発生している事故の一部を挙げます．

- パスワードの漏えいや，パスワードの特定などが原因となる認証の乗っ取り
- マルウェア（コンピュータウイルス，スパイウェア）感染
- 不正アクセス，サーバへの侵入や乗っ取り
- ランサムウェア
- アクセス制御設定ミスによる無権限での閲覧や編集
- 出会い系サイトやコミュニティサイトでのトラブル
- 匿名掲示板・SNS・ネットを利用した炎上（議論が著しく活発になること）や犯罪，いじめ

こういった事故（インシデント）には，あることが別のことを引き起こすものもあり，一方で，単独で発生するものもあります．

c. リスクの評価

　天災の場合でも，人災の場合でも，災害・事故が過去にどのようにして発生していて，どの程度の被害を与えてきたのかを把握することは，たとえ新種の犯罪や事件・事故を考える場合であっても，リスク・マネジメントを行う上で必要です．

　日本では，地域によって状況がやや異なりますが，年間で100日から150日程度は，雨や雪が降ることが，気象統計からわかっています．一方で，エジプトのアスワンでは，数年に1回しか降雨がなく，非常に少量です．

　この状況は，降雨によって損害が発生することがわかっていても，実際にどのような対策をとるべきかが異なることにつながります．例えば，日本では電車と徒歩で移動する人の多くは折りたたみ式の傘をカバンに入れていますが，日常的

に車で移動する人はそうではなく，また，アスワンでは傘をもつこと自体が日常に想定しないことです．このことを前提に考えると，情報システムの設備機器をどこに設置するかは，設置したい地区の降雨量や，河川の状況などを考慮して決めるべきです．夏はエアコン（クーラー）の電力消費量が膨大になり，そのことが情報システムに影響を与えてしまう可能性があるならば，夏の外気温が上がりにくい場所（日本国内でいえば，北海道）に，サーバやストレージ（記憶装置）を設置して，インターネットでつなぐことで運用をすることも1つの方法です．

人災であれば，各種の統計資料や報道内容などを元にすれば，過去に，情報セキュリティに関する事故がどのように発生しているか，それで，被害はどの程度であったかを調べることができます．

リスク・アセスメントを行ったあとは，その対応を検討する前に，そのリスクは対応をしておくべきかを検討します．例えば，項目 a で述べた隕石の衝突による機器損失のような，対応しない方がよいと判断されたリスクは，リスクを発見したことは記録しておきつつ，対応の優先順位を下げます（事実上は対応しません）．

d. リスクへの対応段階での分析

しばしば，リスク・マネジメントでいわれるのは，「事故を起こさないようにするにはどうすればよいか」です．この観点は，当然ですが人災の場合にのみ言及され，天災には及びません．すなわち，地震が起こらないためにどうすればよいか，隕石が落ちてこないためにどうすればよいかなどは，まだ人類が検討・実行できるような行為ではなく，検討しても現実的でないからです．しかし，人災の場合であっても，「それを起こさないようにする」ことだけが重要なのではありません．事故が発生してしまったとき，被害を小さくするために必要な事故前の行動，事故発生中の行動，事故発生後の行動などは，事故が起こる前に検討し，決めておくべきでしょう．

これは，自動車で例えれば，交通事故を起こさないように安全運転に努めたり，事故防止装置をつけることは重要かつ効果的ですが，そればかりに気を使い，シートベルトやエアバックの装備を怠ってはなりませんし，ドライビングレコーダー（車内外を自動的に動画撮影する），運転記録装置（トラックやバス，タクシーには，標準的についている）も必要ですし，また，自賠責保険や任意保険への加入，そして，事故の種類・程度によっては行政処分（交通違反記録）や民事賠償などの仕組みを作っておくことも意味があります．

　そこで，対応を考えておくべきリスクであれば，その対応策を考えることになります．ここでは，その対応をつぎの4段階で定めることとします．

1.　事前防護

2.　事故対応の準備

3.　事中対応

4.　事後処理と，その準備

　自動車の例と同じように，情報システムの運用に際して，何が安全運転なのか，何が事故防止装置なのかだけでなく，シートベルトやドライビングレコーダー，保険や行政処分についても考えておくべきであるといえます．

1.　「事前防御」の例：アンチウイルスソフト（ウイルス対策ソフト）の導入，および定期的なアップデート．

2.　「事故対応の準備」の例：サーバログインの記録（ログ），バックアップの作成，各種対応の準備．

3.　「事中対応」の例：客観的事実に基づく事故の確認，当事者との会合，復旧作業．

4.　「事後処理」の例：いままでの対応策の検討，事実の適切な公表．

e.　リスクへの対応の側面での分析

　つぎに，側面でのリスク対応を考えます．

　管理者を誰にするか，管理者権限と一般ユーザ権限でできる行為を変えておくべきであるという問題もあれば，暗号化に用いるアルゴリズムが古いので，それを新しいものに変えるという課題もあります．さらに，運営上必要な費用の問題，そして運営にあたって参照すべきルールの問題もあります．そして，こういった情報を関係者が共有しておくことが，情報リスク・マネジメントには必要でしょう．

　このように，事故対応には，段階とは独立な側面での観点もあります．そこで，ここでは，側面をつぎの5つに分けて考えます（この分け方は，考え方の1つの方法であって，他の分け方をしても構いません）．

人的（H）　　組織の作り方，役割の設定など

教育（E）　　対応を担当者・関係者・顧客に伝える作業，研修

費用（C）　　費用や賠償額，保険掛金，高価だが性能がよい製品や機能が豊富な製品の導入

技術（T）　　コンピュータの設定や，部屋の鍵への工夫

法（L）　　　規程，規約，ガイドラインの制定，（行政）法律の制定

f.　リスク・マネジメント確認表

　これらを組み合わせて作られるのが，リスク・マネジメント作業の確認のための次の表です．

表6.1　リスク・マネジメント確認表

段　　階	人的 H	教育 E	費用 C	技術 T	法 L
1.　事前防御	H1	E1	C1	T1	L1
2.　事故対応の準備	H2	E2	C2	T2	L2
3.　事中対応	H3	E3	C3	T3	L3
4.　事後処理	H4	E4	C4	T4	L4

　例えば，「外部からの侵入」というリスクに備えて，侵入検知・防御装置（IDS）を設置するのは T1 に相当しますが，その予算を確保するのは C1 であり，侵入検知装置を導入しておくという規程を作るのは L1 です．外部からの接続記録は，後の事故のために保存するのが T2 で，それをルールにするのは L2 となります．IDS のログ保存用の記録装置（外部ハードディスク）を確保する予算は C2 です．IDS を運用する担当者を決めるのは H1，その運用方法の教育を行うのは E1，E2，E3 です．

　このようにして，リスク・インシデント対応を一次元的に考えるよりも，対応を二次元に分解して考え，検討を行うことで，問題点を発見しやすくなります．

　そして，リスク評価と，リスク・マネジメントの確認を策定することができた時点で，特に費用の観点で，この計画を本当に行うべきかがはっきりします．例えば，1 年間の被害想定が最大で 100 円なのに，そこに年間 1 万円を使って対策するのは無駄であるといえます．

　そして，行っておくべきと判断されたところで，計画を実行するということになります．

6.3　現状の把握と維持

6.3.1　アセット管理

　アセットとは，一般的な訳語としては資産ですが，情報技術・IT にかかわる領域では，さまざまなデータや，それを使用する機器などを含む概念となります．

どこにどんなデータがあるのか，そのデータをどのように管理していくのかを知るためには，正確なアセット管理が重要となる．デジタル資産管理と呼ばれることもあります．

物の資産台帳：管理しているハードウェアの台帳を作成しておきます．各装置のMACアドレス（メディア・アクセス・アドレス）も記載します．

ソフトウェアの資産台帳：運用してるソフトウェアの台帳を作成しておきます．ソフトウェアのライセンスキー（再インストールに必要）や，インストールの位置（ドライブやフォルダの位置）も，記録しておきます．

利用者の一覧：利用権限がある人の台帳を作成しておきます．システムのアカウントリストは，その1つとなります．また，緊急時の連絡方法・連絡先も必要となります．

設定情報の一覧：パソコンなどのネットワーク設定，ネットワークルータの設定，システム管理者のパスワードなどが該当します．

　ここで，台帳や一覧を作る上での注意点を述べます．

1. ハードウェアやソフトウェアの場合は，バージョンや，取扱業者（連絡先），導入の日付なども記載する．

2. バーチャルマシンや，バーチャルルータなどは，動作はハードウェアと同じであるが，実体はソフトウェアであるので，両方の性質にかかわる項目を記載する．

3. 紙でなくてもよいが，情報セキュリティの観点では，可用性を考慮しておくべきである．すなわち，電源が落ちたときに参照できないと困る台帳は，例えば紙に記録し，金庫に入れておくなどの方法をとることが望ましい．

4. 定期的に閲覧し，記載漏れがないか，更新期限（6.3.5項で述べる）に到達していないかを，確認しておく．人間の目で閲覧すると，不完全なほどに膨大な場合は，台帳を一定のフォーマット（例えば，CSVやXML）で作成し，適切なプログラムを利用して精査する．

　もし，台帳を作らずに放置したり，うろ覚えで利用し続けると，保護されるべきデータが保護されなかったり，あるいは，バージョンアップすべきシステムがバージョンアップされなかったりすることになります．このようなことを防ぐために，アセット管理はきわめて重要です．

6.3.2　ログの監査と死活監視

　セキュリティにかかわる問題が発生した場合，その問題の性質や，システムにつながった機器の特徴によっては，おかしな動作をするのではなく，機器やソフトウェアが停止してしまうことがあります．情報セキュリティの立場でも，そして，単に機器の可用性の立場でも，各機器が正しく動作しているかどうかを調べることは日常的に必要です．これを，死活監視（diagnose）といいます．ネットワークを利用した簡単な死活監視としては，ICMP で定義されている ping 信号をサーバやルータに送付して，返信があるかどうかを確認することが，まずは有効です．

　ところで，多量の ping や，その他の通信を特定のサーバやネットワークに送付する攻撃を DoS（Denial of Service）攻撃といい，特に多数の異なるホストを一斉に利用する場合は，DDoS（Distributed Denial of Service）攻撃といいます．これらの DDoS 攻撃を受けると，処理できるプロセス量よりも処理すべきプロセスが多くなりすぎるため，サーバやネットワークの動作が止まったように見えます．機器によっては，その後，管理者権限を乗っ取られてしまう状態になることもあります．単純な DoS 攻撃に対しては，送信元からの通信を遮断すればよいのですが，DDoS の場合は，送信元が多数にわたるため，対策として ping を拒否する設定にすることもあります．しかし，それでは死活監視に ping を利用することができません．

　そのため，継続的な死活監視には，専用のソフトウェアを利用して，定期的な死活監視を行い，想定外に動作をしていない機器があれば，メールなどの方法で管理者に通知するようにしておきます．

　また，DDoS 攻撃を受けないようにするためには，ネットワークプロバイダとの設定・契約や，ルータの設定の適正化が必要となります．一方，DDoS 攻撃を受けているかどうかは，定期的（頻繁に），通信記録（ログファイル）の容量や，通信データ数を観測，通常時と違う傾向になっているかどうかを監査することで，配慮しておくべきです．

6.3.3　制度の変更に対する情報セキュリティの変化（1）メール

　多くの人は，インターネットでやりとりするメールは，誰に見られることなくやりとりできると考えています．しかし，事実はそうではありません．

　電子メールでは，古くからプロトコルとして SMTP（Simple Mail Transfer

Protocol）が利用されています．SMTP は，その名のとおりに単純化されたメール配送手順ですが，メールの配送自体が，Unix をはじめとしたインターネットの初期から利用されてきたサービスであるため，現在でも，昔ながらの手順によるメール配送が可能となっています．

　この，「昔ながらの手順」では，メールの中身は，途中の中継地でメールサーバに蓄積され，送信（中継終了）したところで削除されていくことになっています．しかし，暗号化されることなく通信が行われるので，経路を傍受すれば，メールの中身は簡単にわかります．また，途中で悪意あるメールサーバの作成者がいたり，あるいは，メールサーバを乗っ取ることができると，メールをすべて見られてしまうことになります．電子署名が行われていないので，途中で改ざんが行われていても，最終的に受け取った側で，その真正性を確かめることもできません．

　そこで，近年は，「昔ながらの手順」を禁止して，SMTP を暗号化したプロトコルのみで配送するというように，変化しつつあるのですが，現時点では，メールサーバは，相手のサーバが暗号化に対応していなければ，「昔ながらの手順」を利用してしまうことが多いので，結果として，容易に傍受できるプロトコルを使用してしまう可能性があります．現時点では，メールの内容を完全に傍受不可能にするには，例えば，暗号化されたファイルを添付するなどの，「メールプロトコルとしては傍受されても，その中身をわからないようにする方法」をとるしか，有効な手順がありません．

　このような状況は，情報セキュリティにかかわる人同士では共有されており，したがって，遠くない将来に，個人間のメッセージ送信について大きな変化が行われることが予想されます．現時点でも，電子メール以外に，メッセンジャーサービスやグループウェアの利用が普及してきています．今後，このような新しい「個人同士のメッセージサービス」が普及すると予想されるため，情報セキュリティにかかわる者は，制度の変化に敏感になっておく必要があります．

6.3.4　制度の変更に対する情報セキュリティの変化（2）web

　web では，多くの通信が，現在は HTTP を利用しています．HTTP のもっとも原始的な手順は，クライアントがサーバに 80 番ポートを利用して GET URL を送り，サーバが，それに対応した内容を 80 番ポートで送り返すことで成立しています．しかし，先に取り上げた SMTP の場合と同じように，通信内容は暗号化されておらず，したがって，電子署名もないため，通信内容の真正性も証明さ

れていません.

HTTP の内容を暗号化・電子署名を実現するプロトコルが,HTTPS です.最後の S は,"Secure"の頭文字です.この HTTP というプロトコルは,TLS[†] と呼ばれる暗号化技術を利用します.

web の通信は,メールよりも後に普及したため,暗号化を行う方式も日常的に使われていますが,暗号化のための電子証明書の取得や,その維持は容易ではありません.さらに,web 自体の目的は情報を広く伝播させることにあるため,現在でも,web の通信の多くは HTTPS ではなく HTTP を用いています.

しかし,内容の真正性を維持するための電子証明書は,情報発信者を特定するためにも用いられます.このことから,責任ある情報発信を行うためには,たとえ,内容が暗号で守るべきものでなくても,HTTPS を利用しておくことが望ましいです.

検索サイト大手の Google 社でも,HTTPS を利用したサイトの内容は,そうでないサイトより上位に表示されるように変化しつつあります.これは,HTTPS の普及に伴う,情報セキュリティの変化の例といえます.

ただし,HTTPS を利用することで保証されるのは,web サーバとブラウザの間の通信内容が傍受されていないことと,改ざんされていないことだけです.通信相手が詐欺師でないということは,HTTPS では何ら保証されていないことは,注意をしておくべきです.

HTTPS で利用される TLS の電子証明書の有効性については,6.6.7 項の,PKI(公開鍵認証基盤)で述べます.

6.3.5 バージョンアップ,研修

前項で述べたように,情報セキュリティにかかわる技術や制度は,日々,変化しています.また,情報技術を利用する人のニーズも,新しくなっていきます.

そこで,アセット(ハードウェア,ソフトウェアなど)のバージョンアップを行う必要があります.また,情報システムにかかわる人の研修も必要となります.

a. 脆　弱　性

情報システムを作っているソフトウェアは,もともと人間が記述したものから作られます.ハードウェアでも,制御にソフトウェアを利用しているものがある

[†] 古い文献では,TLS の前の SSL という技術名称が残っていますが,SSL は,傍受可能であることがわかったため,現在はほぼ使われていません.

ため，同様に考えるべきです．

　このソフトウェアを制作する際には，情報セキュリティの CIA（機密性・完全性・可用性の 3 つ）が確保されるように作るべきですが，しかし，悪意のある者（犯罪者）によって，工夫次第でセキュリティを確保できなくなることがあります．そのような状態にあるシステムを，脆弱性があるシステムといいます．特に，その原因となるソフトウェアは，脆弱性があるといいます．脆弱性がないようにソフトウェアや情報システムを構築すべきですが，完璧なソフトウェアを作ることは，事実上不可能です．そこで，「将来，脆弱性が見つかるかもしれない」という前提で，情報システムを運用することが必要です．

　脆弱性は，さまざまな要因で発見されます．

- そのソフトウェアの開発者・製造メーカが自ら発見することがある．
- そのソフトウェアの開発者・製造メーカ以外の開発者が発見することがある．
- 脆弱性が原因となる動作不調を利用者がベンダ（ソフトウェア販売会社）に伝え，そこから脆弱性が発見されることがある．
- オープンソースの場合は，プログラミングに詳しい人（ハッカーと呼ばれる）が発見し，開発業者・メーカに伝えて明らかになることがある．
- まれに，ハッカーが発見した脆弱性にかかわる情報を，メーカに伝えずに，犯罪集団に対価とともに情報提供する．

　例えば，2019 年，Goolge 社は，Windows XP 以降，Windows10 まで存在してた脆弱性を発見しました．この脆弱性を利用した攻撃がすでに行われているかもしれないため，緊急な対応が必要と判断した Google 社は，Microsoft 社に脆弱性情報を秘密に通知しました．しかし，Microsoft 社が，その対応を放置してしまいました．Google 社は，Microsoft 社に通知をした 90 日後に，脆弱性の内容を公表し，Microsoft 社に早急な対策を要請しました．これは，Google 社が安全性を確保するために行ったとされています．

　発見された脆弱性が，犯罪者によって利用されないようにすることは重要ですが，現実には，脆弱性情報を闇市場で売買（秘密にやりとり）しているケースもあり，完全な対策をとれないのが現状です．

b.　バージョンと更新

　すでに発表（発売）しているソフトウェアに変更を加えて，新しいソフトウェアを作ることを，アップデート，あるいはアップグレードといいます．この中でも，脆弱性に対応するセキュリティ・アップデートは，発表されたらすぐに対応すべ

きです．というのも，犯罪者は，セキュリティ・アップデートが公表されたら，すぐに，その脆弱性を利用したコンピュータウイルス（マルウェア）を制作して，メールや，その他の方法で配布します．セキュリティ・アップデートを実施していないホストが，このウイルスを受信してしまうと，感染してしまうからです．

なお，通常はセキュリティ・アップデートは無料で配布されます．

しかし，年に1回程度の頻度で，ソフトウェアを大きく作り変えることがあり，それは，アップグレードと呼ばれます．例えば，Microsoft Windows を例にとると，つぎのようになっています．

- アップグレードが行われると，Windows 8.1 から Windows 10 へと，メジャーバージョン番号を増やす．
- 非常に小さな更新が行われると Windows 10 バージョン 1809 の 122 から 123 とビルド番号を増やす．
- アップデートが行われると Windows 10 バージョン 1809 から 1903 と，マイナーバージョン番号を増やす．

ところで，あるソフトウェアに対して，その不具合を修正するアップデート（更新）の配布作業は，いつまでも未来永劫に行われるわけではありません．

ソフトウェアには，EOL（End of Life）という日付が設定されていることがあります．これは，ソフトウェアのアップデートの期限であり，この日を過ぎるとアップデートを行わないという宣言ともいえます．

例えば，Microsoft Windows の主な EOL は，表 6.2 のとおりです．

表6.2　Windows の EOL の日

OS 名	EOL の日
Windows 10	2025 年 10 月 14 日
Windows 8	2023 年　1 月 10 日
Windows 7	2020 年　1 月 14 日
Windows vista	2017 年　4 月 11 日
Windows XP	2014 年　4 月　8 日
Windows 2000	2010 年　7 月 13 日
Windows Me	2006 年　7 月 11 日
Windows 98SE	2006 年　7 月 11 日

6.4　共通鍵方式による暗号

　本節では，暗号の基本的な原理と，現在利用されている暗号の技術的な仕組みについて述べます．

a. 用 語 の 定 義

　暗号について議論するときの基本的な用語には，次のものがあります．

平文（plain text）：誰が見ても内容がすぐにわかる文．「ひらぶん」と読む．

暗号文：誰が見ても内容がすぐにわからない文．

暗号化（encode）：平文を暗号文に変換すること．

復号（decode）：暗号文を平文に変換すること．

鍵（key）：暗号化・復号する方法．

暗号鍵：暗号化する方法．

復号鍵：復号する方法．

送信者（sender）：暗号鍵を知っていて，平文を暗号化しようとする人．

受信者（receiver）：復号鍵を知っていて，暗号文と復号しようとする人．

盗聴者：復号鍵を知らずに，暗号文を復号しようとする人．

攻撃（attack）：盗聴者が，暗号文の復号に成功すること．

換字式暗号：1つの文字ごとに，文字を書き換える暗号方式．

b. シ ー ザ ー 暗 号

　ジュリアス・シーザー（ユリウス・カエサル）が使ったといわれている暗号です．平文の文字を，1文字ずつ暗号化する換字式暗号です．その暗号化の方法を，現代の英語アルファベットを利用した場合について，次の表6.3に示します．

表6.3　シーザー暗号の変換表（shift 3）

変換前	A B C D E F G H I J K L M N O P Q R S T U V W X Y Z
↓ 3文字ずらす	
変換後	D E F G H I J K L M N O P Q R S T U V W X Y Z A B C

　もともとのシーザー暗号は，ずらす文字を3文字にしています．これは，アルファベット26文字を3文字ずらして回転させることから，shift 3や，rot 3と呼ばれることもあります．これを解読・攻撃（盗聴）するには，3文字ずらしていると

いうことを知る必要があり，したがって，シーザー暗号の鍵は，「3 文字ずらし」という知識（手順）です．

この鍵は，送信者と受信者が暗号化の手法を共有するので，共通鍵と呼ばれ，このような暗号化の方法は，古典暗号と呼ばれることもあります．

もし，ずらす文字数を 13 文字にすると，これはオリジナルのシーザー暗号とは違う換字式暗号を作ることができます．表 6.4 に示します．

表 6.4　シーザー暗号の変換表（shift 13）

変換前	A B C D E F G H I J K L M N O P Q R S T U V W X Y Z
	↓ 13 文字ずらす
変換後	N O P Q R S T U V W X Y Z A B C D E F G H I J K L M

これは，アルファベット 26 文字を 13 文字ずらして回転させることから，shift 13 や rot 13 と呼ばれることもあります．

c.　換字式暗号の特徴

以下に，換字式暗号の特徴を述べます．

(1) 変換が簡易・高速である

次節で述べる数学を利用した公開鍵暗号と異なり，単純な計算や置き換えだけで済むものが多いため，暗号化や復号の作業が簡単です．

(2) 共通鍵の種類が多い

例えば，A_0 氏が，A_1 氏，A_2 氏のそれぞれから暗号を受け取る際に，A_1 氏，A_2 氏には内容がわからないようにするためには，

- A_0 氏と A_1 氏の共有鍵 k_1
- A_0 氏と A_2 氏の共有鍵 k_2

の 2 種類の異なる鍵が必要となります．もし，A_1 氏と A_2 氏がやりとりをするなら，さらに別の鍵が必要となります．一般には，n 人が共通鍵を利用して相互に秘密通信を行うならば，その鍵は $_nC_2 = n(n-1)/2$ 種類となり，膨大になります．

(3) 鍵の事前受渡しが必要

暗号通信の前に，それぞれの鍵を決め，その鍵をどのようにして受け渡しておく必要があります．

(4) 換字式暗号は頻度分析攻撃に弱い

平文に用いられている言語がわかると，比較的簡単に解読されてしまいます．

例えば，英語の文章ではつぎのことが知られています．

- 文字 'e' が最も多く用いられる．
- 'q' や 'z' は滅多に用いられない．
- 連続する 2 文字の頻度では，以下のことがわかっている．
  - th はものすごく多い
  - q の後に u 以外の文字がくることはほとんどない
- 連続する 3 文字の頻度でも，同様に，いろいろなことがわかっている．

もし，平文が英語であると推測できるなら，以下のようにして解読（攻撃）することが可能となり，この方法は，**頻度分析攻撃**と呼ばれます．

- 暗号文で最も多い文字は，'e' を暗号化したものであると仮定する
- 暗号文で最も多い 2 文字連続パターンは，'th' を暗号化したものであると仮定する
- 暗号文で頻度が非常に少ない文字のうち，その直後の文字が 1 種類しかないものは，最初が 'q' で，次が 'u' であると仮定する
- もう 1 つの頻度が少ない文字は 'z' であると仮定する

頻度分析攻撃を避けるには，同じ共通鍵を長く使わないようにすることが必要となります．例えば，数文字ごとに鍵を変更することで，頻度分析攻撃に対抗することができます．しかし，鍵の管理はますます困難になります．

他の自然言語や方言を利用して，換字式暗号により通信することもできますが，それでも攻撃（盗聴）される可能性は少なくありません．

6.5　公開鍵方式による暗号

公開鍵方式とは，「暗号化の方法」と「復号の方法」がまったく異なり，さらに，暗号化する鍵と手順が公開されている方式です．このような暗号の仕組みは，現代暗号と呼ばれることもあります．

例えば，公開鍵暗号方式では，受信者である R 氏が暗号を受け取る際には，つぎの 2 個セットの鍵が必要となります．

- R 氏に送るための暗号鍵 e_R
- R 氏が解読するための復号鍵 d_R

送信者が使う暗号鍵 e_R を知っても，受信者が使う復号鍵 d_R を類推することが容易ではないようになっていることも重要です．

この場合, 送信者が誰であっても, R氏が受信する限りは鍵は1組 (1種類の2個セット) があれば足りることから, 鍵の種類が増え過ぎることはありません.

そして, 暗号文の通信を行う前に, R氏は, e_R を公開しておきます. これを, (R氏の) 公開鍵と呼びます. 一方, 復号鍵 d_R は秘密にしておく必要があります. d_R は (R氏の) 秘密鍵とも呼ばれます.

なお, 暗号化したあとに元の平文を失ってしまうと, たとえ送信者であっても, 元に戻すことはできません. それは, e_R から d_R を類推できないからです.

6.6 RSA 公開鍵暗号方式

公開鍵暗号方式の性質をもつ方式は, いくつか知られていますが, ここでは, 1977年に発明された RSA 公開鍵暗号方式について述べます. これは, ロナルド・リベスト (R. Rivest), アディ・シャミア (A. Shamir), レオナルド・エーデルマン (L. Adleman) の3発明者の苗字の頭文字をつなげて RSA と命名されました.

6.6.1 RSA の計算例

例として, 送信者が平文として (ある範囲の) 自然数 x を暗号化して送り, 受信者が, それを平文 x に戻すとするとき, その手順について述べます. なお, 整数 x, y に対して, $x \% y$ は, x を y で割ったときの余りを表します.

---

1. 受け取りたい人が, 次の手順で公開鍵を作る.
   (1) 2つの素数 p, q を選ぶ. (説明上, $p < q$ とする.)
   (2) $(p-1)(q-1)$ と互いに素な自然数 e を決める.
   (3) $n = pq$ の値とする.
   (4) $ed = (p-1)(q-1) k + 1$ を満たす整数 d, k を求める.
       (d は秘密鍵となる.)
   (5) n, e の値を, 公開鍵として公開する.
2. 送りたい人が, 次の手順で暗号文を作る.
   (1) 平文として送る自然数を x とする.
   (2) 公開鍵 e, n を用いて, $E(x) = x^e \% n$ を計算し, 送信する.
3. 受け取った人が, 次の手順で平文を復元する.

> （1）受け取った暗号文を y とする.
>
> （2）秘密鍵 d を用いて, $\mathrm{D}(y) = y^d$ % n を求める.

RSA では, 暗号化の際に累乗を利用する. 0 と 1 は何乗しても変わらないので, 平文 x の値は $2 \leq x \leq n-1$ を満たす必要があります.

表 6.5　RSA でのやりとり

送信者	受信者
	p, q, e を選定
	n, d, k を計算
e, n を受信←	← e, n を公開
平文 x を作成	
公開鍵 e, n を用いて,	
$\mathrm{E}(x) = x^e$ % n	
$\mathrm{E}(x)$ を送付→	→ y を受信
	秘密鍵 d を用いて,
	$\mathrm{D}(y) = y^d$ % n

6.6.2 具　体　例

例として, 簡単に計算できるように, 小さな正の整数を利用して, RSA 暗号の計算を行ってみましょう.

1.　暗号を受け取りたい側（準備）

　（1）$p = 3$, $q = 5$ を選び, $n = 15$ を求める.

　（2）$(p-1)(q-1) = 2 \times 4 = 8$ と互いに素な数として $e = 11$ を選ぶ.

　（3）$ed = (p-1)(q-1) k + 1$ すなわち $11d = 8k + 1$

　　　を満たす整数として, $d = 3$, $k = 4$ を求める.

　（4）$e = 11$, $n = 15$ のみを公開する. 他の数は公開しない.

2.　暗号を送りたい側

　（1）平文の文字コード x を $x = 7$ とする.

　（2）公開鍵 $e = 11$, $n = 15$ を用いて, $\mathrm{E}(x) = 7^{11}$ % $n = 13$ を求める.

　（3）$\mathrm{E}(x) = 13$ を送信する.

3.　暗号を受け取りたい側

　（1）受け取った暗号文を $y = 13$ とする.

　（2）秘密鍵 $d = 3$ を用いて, $\mathrm{D}(13) = 13^3$ % $15 = 2197$ % $15 = 7$ を求める.

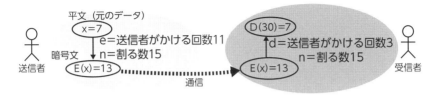

図 6.2 RSA でのやりとり

(3) 平文の文字コード x は $x = 7$ であると復号する.

6.6.3 証 明

RSA の仕組みが機能していることを証明するためには，つぎの定理を利用します.

二 項 定 理

$$(x + y)^n = \sum_{k=0}^{n} {}_nC_k \, x^{n-k} y^k$$

$$= x^n + nx^{n-1}y + \frac{n(n-1)}{2} x^{n-2}y^2 + \cdots + nxy^{n-1} + y^n$$

中国人剰余定理

a, b が互いに素ならば，$ai + bj = 1$ は必ず整数解 i, j をもつ.

フェルマーの小定理

a を自然数とする. p が素数ならば，$a^{p-1} \% p = 1$ になる.

RSA の方式で計算がうまくいくことを，これらの定理を利用して示します.

証 明

まず，2 つの異なる素数 p, q を用い $n = pq$ とする. 便宜上，$p < q$ とする. そして，送信者は，x を暗号化して y とし，受信者は，y を復号して z とすると，z は x そのものとなることを示す.

大方針を示す.

- まず，$(p-1)(q-1)$ と互いに素な自然数 e を用いると，中国人剰余定理により，$ed = (p-1)(q-1)k + 1 \cdots ①$ を満たす自然数 d, k が存在する.

- 暗号化の手順により，$y = x^e \% n$ なので，ある i が存在して，$y = x^e - ni$ と書ける.

- 復号の手順で求められる数を z とする. $z = y^d \% n$ なので，ある j が存在して，

$z = y^d - nj$ と書ける.

・以上より, $z = (x^e - ni)^d - nj$ と書ける.

・$(x^e - ni)^d$ を展開すると, 二項定理より, $(x^e)^d$ 以外の項は n の倍数なので, $z = (x^e)^d \ \% \ n$ である.

・この $x^{ed} \ \% \ n$ が x であること (★) を示せばよい.

　以下, 細かく説明をする. フェルマーの小定理より, 適当な整数 s, t が存在して, 次の式が成り立つ.

$$x^{p-1} = sp + 1 \cdots ②$$
$$x^{q-1} = tq + 1 \cdots ③$$

②全体を $q-1$ 乗すると,

$$(x^{p-1})^{q-1} = (sp + 1)^{q-1}$$
$$つまり \ x^{(p-1)(q-1)} = (sp + 1)^{q-1}$$

となる. これより,

$$(x^{(p-1)(q-1)})^k = (sp + 1)^{(q-1)k}$$
$$よって \ x^{(p-1)(q-1)k} = (sp + 1)^{(q-1)k}$$
$$よって \ x^{(p-1)(q-1)k+1} = x \ (sp + 1)^{(q-1)k}$$

ここで, $m = (q-1)k$ として, 二項定理より, 次の式が成立する.

$$(sp + 1)^m = (sp)^m + m \ (sp)^{m-1} + \frac{m(m-1)}{2} (sp)^{m-2} + \cdots + spm + 1$$

この右辺の最右の項以外は p の倍数であるから, 適当な整数 u を用いて,

$$(sp + 1)^m = pu + 1$$

と書くことができる. 結果として,

$$x^{ed} - x = x^{(p-1)(q-1)k+1} - x = x \ (sp + 1)^{(q-1)k} - x$$
$$= x \ (pu + 1) - x = xpu$$

となるので,

$$x^{ed} - x は p で割り切れる.$$

①, ②, ③は「p と q」および「s と t」について対称であるから, この式で, それらを入れ替えた式, 関係も成立する.

$$x^{ed} - x は q で割り切れる.$$

　以上から, $x^{ed} - x$ は, p の倍数でもあり, q の倍数でもある. p, q は, どちらも素数だから, $x^{ed} - x$ は, pq の倍数となる.

$$(q.e.d.)$$

6.6.4 RSA を破る

公開されている n を $n = pq$ と素因数分解することができれば，暗号文を傍受して，RSA を攻撃（復号鍵なしに解読すること）できます．

1. $n = pq$ と素因数分解する．
2. $ed = (p-1)(q-1)k + 1$ を満たす d と k を求める．
3. $\mathrm{D}(y) = y^d \% n$ を計算する．
4. これが，平文（x の値）である．

上述の例では，公開されている $n = 15$ を $n = pq$ と素因数分解すると，$p = 3$, $q = 5$ となります．$e = 11$ も公開されているので，$11d = 8k + 1$ を満たす整数 k, d のひと組として，$k = 4$, $d = 3$ を求めます．

ゆえに，傍受した y の値を利用して，$\mathrm{D}(y) = y^3 \% 15$ となります．

しかし，現実に利用されている RSA を利用した暗号通信では，このように簡単に暗号を解読することはできません（6.6.6 a 項参照）．

6.6.5 電 子 署 名

RSA 公開鍵暗号方式を利用して，電子署名を実現することができます．

1. 送信者が p, q, e を決め，n, d, k を計算で求め，n, d のみを公開して p, q, e を秘密にする．
2. 平文 x に対して $\mathrm{E}(x)$ を電子署名としてつけて公開する．
3. 誰でも $y = \mathrm{E}(x)$ から $x = \mathrm{D}(y)$ で x を復号できるが，暗号化は e を知る発信者しかできないので，e を知る人が発信したといえる．

表6.6 RSA を利用した電子署名

送信者	受信者
	p, q, e を選定
	n, d, k を計算
n, d を受信←	← n, d を公開
	平文 x を作成
	$\mathrm{E}(x) = x^e \% n$ を計算
← $x, \mathrm{E}(x)$ を公開	$\mathrm{E}(x)$ を公開
$\mathrm{D}(y) = y^d \% n$ を計算	
x と $\mathrm{D}(y)$ の一致を確認	

　暗号の場合は，公開鍵で暗号化して，秘密鍵で復号していましたが，電子署名の場合は，公開秘密鍵で暗号化して，鍵で復号させます．

　実際の電子署名では，計算量の問題と，暗号の準同型性という問題を回避するため（詳細は略します），秘密鍵を利用して平文のハッシュ値の署名を作り，平文とともに公開します．受信者は，署名を公開鍵で復号したものと，平文のハッシュ値が同一であるかどうかを調べ，署名が正しいことを確認します．

6.6.6　計算量的安全性と量子コンピュータ

a.　計算量的安全性

　RSA を解読する方法として，$n = pq$ と素因数分解をする方法がありますが，実際の通信では $n = pq$ は p，q のそれぞれが 10 進法で数百桁程度の大きな素数を利用しています．そして，本書執筆時点でのスーパーコンピュータでも，大きな数の素因数分解には何年もの時間がかかり，現時点では，RSA を攻撃（暗号文から平文を復号鍵の知識なしに取り出す）する際に，素因数分解の方法以外の有効な方法が見つかっていません．したがって，RSA は安全といわれています．

　このような性質は，**計算量的安全性**と呼ばれます．

　ところで，アルゴリズムは改善されずに，コンピュータの性能が向上して，計算能力が向上する場合を考えます．

　仮に，あるコンピュータで十進法で 10^{10} 程度の数 n の素因数分解に 1 秒を要し，十進法 2×10^{10} 程度の数 n の素因数分解に 2 秒を要したとします．すなわち，計算に必要な大きさは，素因数分解したい数の大きさに比例するとします．このとき，十進法で 10^{11} 数の数ならば 10^{1} 秒となり，十進法で 10^{20} 数の数ならば 10^{10} 秒と増えます．十進法で 10^{40} の数ならば 10^{30} 秒の時間となります．これは，1 年を 365.25 日として計算すると，3168 億年もの時間となります．

表 6.7　計算時間の変化の例

n	10^{10}	2×10^{10}	……	10^{11}	10^{12}	……	10^{40}
時間	1 秒	2 秒	……	10 秒	100 秒	……	3168 億年

　さて，コンピュータのハードウェアの性能が向上することでスピードアップして，未来のある日，十進法で 10^{110} 程度の数 n の素因数分解を 1 秒でできるようになったとしましょう．こうなると，RSA も簡単に解読（攻撃）されてしまうよ

うに思われるかもしれません.

　しかし，もし，そのような性能向上が達成されれば，まだ発見されていない大きな素数を見つけることもスピードアップするでしょう．そして，$n = pq$ の値として，十進法で 10^{150} 程度の数を利用することが可能となります．その結果，n の素因数分解に 3168 億年かかってしまうのです．つまり，コンピュータのハードウェアの性能向上が行われても，RSA が解読されやすくなることはないといえます.

b. RSA の危殆化

　しかし，ハードウェアの性能向上ではなく，計算アルゴリズムの本質的な改善によって，「巨大な数の素因数分解を高速に行う」ことができれば，RSA での暗号は使えなくなってしまう可能性があります.

　暗号方式が効果を失うことを，「暗号の危殆化」といいます．例えば，シーザー暗号は頻度分析攻撃によって危殆化した暗号方式ですが，RSA は，本書執筆時点では危殆化していません.

　しかし，現在，実現に向けて開発が進められている「量子コンピュータ」は，大きな数の素因数分解を高速に行うことが可能であるとされています．現時点で動作している量子コンピュータは，まだ素因数分解で期待（想定）通りの性能をもつことはできていませんが，遠くない将来，量子コンピュータによる素因数分解が現実的に短い時間で可能となる可能性があります．暗号学の研究者は，RSA を解読する方法を研究するとともに，RSA 以外の方法での暗号方式の考案・開発を行っています.

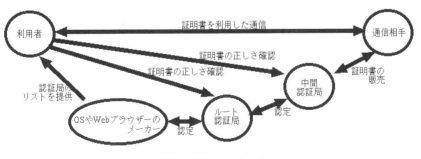

図 6.3　PKI でのやりとり

6.6.7　PKI（公開鍵認証基盤）

現在多く利用されている RSA を信用して利用するには，重要な条件がありま
す．それは，送信者が提示した公開鍵が，本当にその送信者のものかを確認する
ことである．そのために構築されているのが，公開鍵認証基盤，PKI です．

PKI は，つぎの手順で認証の鎖を構築して，通信相手が公開している公開鍵の
正しさを保証しています（図 6.3）.

- ルート認証局や，中間認証局という位置づけになっている企業が，世界中に
  数社ある．
- 利用者が，例えば何かの予約サイトを利用するとき，その予約サイトの公開
  鍵と通信内容の電子署名を入手して正しさを確認する．その公開鍵の正しさ
  は，web ブラウザが内部で，中間認証局に問い合わせている．
- 中間認証局の鍵の正しさは，ルート認証局が保証する．
- Microsoft 社，Apple 社，Google 社などの，web ブラウザを制作する企業が，
  ルート認証局が使う公開鍵，その有効期限，発行者の名称を，web ブラウザ
  に含めて利用者に提供する．

6.7　情報セキュリティと倫理

本章の最後に，情報セキュリティと倫理の関連について述べます．

6.7.1　倫　理　と　は

例えば，哲学者の和辻哲郎は，「人間の学としての倫理学」において，つぎの
ように述べ，主観的道徳意識と，人間同士の関係の上に成り立つ倫理とを区別し
ています．

> 我々は（中略）倫理という概念を，主観的道徳意識から区別しつつ，作り上
> げることができる．（中略）それは人々の間柄の道であり秩序であって，それ
> があるゆえに間柄そのものが可能にせられる．

この定義を，現代の私たちにわかりやすく言い換えると，倫理とは，社会ルール
であり，倫理があるからこそ，社会における人間関係が成立する，ということです．
極端にいえば，合法かどうか，地域のルールに反してないかどうかを判断すること，
といえます．

このことから，無人島や，たった1人しか島民がいない島では，この意味での倫理は存在しません．それは，他人がいないところでは，社会が成立しないからです．

6.7.2　情報社会における倫理的判断

私たちが現代社会で生活していく上では，ほとんどの行為について，それを行ってよいのかどうか，倫理的判断が求められます．

ここでは，情報社会における倫理的判断と，情報セキュリティの関係について述べます．

6.7.3　なぜ，情報セキュリティが必要になるのか（再論）

本章の冒頭で述べたとおり，情報セキュリティとは，CIA の3つの性質がすべて成り立つようになっている状況のことです．しかし，そもそも，なぜ，これらの性質を必要とするようになったのでしょうか．

それは，インターネットをはじめとする，広域情報システムに，現代社会が依存しているようになったからです．

a.　悪意・犯罪が原因の場合

インターネットが普及する以前は，コンピュータを利用した犯罪というのは，それほど多くありませんでした．当時，コンピュータウイルスに誤って感染してしまったとしても，画面におかしな模様が出現する程度でした．すなわち，コンピュータウイルスを作成した人の愉快犯であったり，あるいは，作成者がプログラミングやハッキングの実力を見せつけることが目的でした．

しかし，現在社会は，情報システムに依存しています．そのため，多くの人が情報システムが正常に動作しないと困る状況にあり，したがって，情報システムの動作のためにお金を払うことを容認しています．

このような状況で登場したのが，冒頭に述べた**ランサムウェア**と呼ばれるマルウェアです．ランサムウェアを仕掛けた人間は，被害者から金銭を得ることができます．すなわち，マルウェア作成行為は，稼げる行為になりました．ランサムウェアに限らず，フィッシング詐欺を目的としたもの，個人情報の不正販売を目的としたものなど，金銭目的での犯罪は多いです．

この他に，政治的なプロパガンダを目的としたもの，ある特定の思想を普及させようとするものもあります．

b. 過失や故障が原因の場合

　一方で, 情報セキュリティには過失や故障への対策もあります. これは, 何者かが悪意をもっているのではなく, 過失や故障によって, 情報が開示されたり, 改ざんされたり, 消滅してしまう, というトラブルです.

　すでに取り上げたリスク・マネジメントの部分では, 過失や故障によって情報セキュリティを維持できない状況が生じないように, リスク・アセスメント, リスク管理について述べました. 一方で, 事故（インシデント）が発生したときの責任がどのようになるのかは, 考えておく必要があります. 特に, リスク・アセスメントが行われていたのにリスク・マネジメントが十分でなかった場合, つまり, そのようなリスクを想定していたにもかかわらず対策していなかった場合は, たとえ犯罪が原因ではない事故であっても, 被害者が発生してしまうことから, 運用担当者の責任問題に発展する可能性があります.

6.7.4　倫理性の確認

a. 手段の倫理性

　IT 機器は, その動作記録をファイル（ログファイル, 通称ログ）として保存することができます. そこで, このログを分析することで, 情報セキュリティのためのデータを入手することができます. しかし, 通信の秘密や, 報道の自由を侵害するような手段でデータを手に入れるようなことは, 社会的に, すなわち, 倫理的に容認されていません.

　例えば, 携帯電話会社などの通信事業者が, ユーザが行っている通信を無断で監視することは, たとえ目的が情報セキュリティのためでも, 行ってはいけません. 一方で, コンピュータウイルスに感染する可能性がある通信や, 感染した機器が外部に通信を行うことを遮断する必要もあります. したがって, 多くの組織では, 情報セキュリティポリシーを定めていて, 上記のような目的のため, 通信内容を確認することを特例的に認めるようにしています. ただし, その確認にあたっては, 人間が目視するのではなく, 遮断すべき通信であるかどうかを判定するプログラム・フィルタ設定を用意して, そのプログラムやフィルタを用いるべきです.

　また, 情報セキュリティに関する重要なニュース（正確なもの）の取材・報道をする報道機関に対しては, 政府は, その報道機関の活動を妨害してはなりません.

b. 目的の倫理性

　情報セキュリティの CIA を確保するためであったとしても，その CIA の確保が，どのような目的のために行われるのかについては，注意をしておくべきです.

　世界的に見ると，国や民族によって法令や常識が違う，すなわち，国や民族によって倫理が異なります. そのため，受け入れられる目的も国や民族によって異なりますが，それでも，以下の目的については，全世界的に受け入れられないと考えてよいでしょう.

- 無差別大量殺りく
- 地球全体を 1 国家で統治する
- 禁止薬物の製造，化学兵器の研究・開発・製造
- 人体実験やクローン人間の開発
- 人権を考慮しない，奴隷制度などの活動

　これらの行為を行うために情報システムを構築しようとする人がいた場合は，情報セキュリティの CIA の観点よりも，さらに深く考えて，こういった行為そのものにかかわらないようにするべきでしょう.

6.7.5　OECD AI 原則

　2019 年 5 月 22 日，経済協力開発機構（OECD）は，「人工知能に関する新原則」を定めました.

1. AI は，包摂的成長と持続可能な発展，暮らし良さを促進することで，人々と地球環境に利益をもたらすものでなければならない.
2. AI システムは，法の支配，人権，民主主義の価値，多様性を尊重するように設計され，また公平公正な社会を確保するために適切な対策がとれる―例えば必要に応じて人的介入ができる―ようにすべきである.
3. AI システムについて，人々がどのようなときにそれとかかわり結果の正当性を批判できるのかを理解できるようにするために，透明性を確保し責任ある情報開示を行うべきである.
4. AI システムはその存続期間中は健全で安定した安全な方法で機能させるべきで，起こりうるリスクを常に評価，管理すべきである.
5. AI システムの開発，普及，運用に携わる組織および個人は，上記の原則に則ってその正常化に責任を負うべきである.

　これは，人工知能（AI）のための行動規範ですが，情報セキュリティを考えたり，

情報セキュリティのための行動を行う場合であっても，大いに参考にすべきです．

参　考　文　献

1. 久野靖，佐藤義弘，辰己丈夫，中野由章：『キーワードで学ぶ最新情報トピックス 2020』，日経 BP，2020.
2. 山田恒夫，辰己丈夫，村田育也，中西通雄，布施泉：『情報セキュリティと情報倫理』，放送大学教育振興会，2018.
3. 菊池浩明，上原哲太郎：『IT Text ネットワークセキュリティ』，オーム社，2017.
4. 大谷卓史：『情報倫理』，みすず書房，2017.
5. 一松信：『暗号の数理〈改訂新版〉（ブルーバックス）』，講談社，2005.

7

情 報 と 社 会

　情報と通信の技術は，ICT（Information and Communication Technology）と呼ばれます．人間社会システムのICT化は，まず大型コンピュータによる企業や組織のビジネスのICT化に始まり，それに続いて，コンピュータのダウンサイジングとパーソナル化により家庭や個人のICT化へとつながりました．いまでは，ICT化はあらゆる社会経済活動やコミュニティ活動へと拡大しています．

　さらに高度なICTによって，あらゆる情報機器やセンサがネットワークへ接続され，情報がデジタル化されて流通し，いつでも，誰もが，どこからでもアクセスすることが可能となりました．この結果，**情報空間**（Cyber Space，サイバー空間ともいう）と**実世界**（Real World）が密に連携し，情報と現実が境目なく溶け合う**サイバー・フィジカル融合社会**と呼ばれる新たな社会が形成されています．

　この融合社会では，すべてのモノがネットワークに接続され，人と社会の状態や行動履歴といった生活の記録であるライフログデータのセンシングが可能となりました．実世界の人・モノの過去・現在そして未来の状態変化を計測して情報空間に投影し，その情報の変化を分析し，予測やシミュレーションを行い，その結果を人やモノにタイムリーにフィードバックします．

　融合社会では，こうしたデータの収集と分析に基づいて，人やモノ，社会を適切にコントロールすることで，人々の生活，社会をより豊かにしていくことができます．このような実世界と情報空間の間で交換される情報やデータの循環が，新たな知的情報や知識サービス産業を創出するものと期待されているのです．

　本章では，まず，人と社会と情報の変遷，高度ICTがもたらした科学のパラダイムシフトについて概観し，情報社会から融合社会への転換について述べます．この融合社会の到来の一方で，ネットワークで交換される情報の量は爆発的に増加し続け，人と社会の意思決定の質の低下が危ぶまれています．このため，科学的根拠に基づいて合理的な意思決定を行い，その質を高める方法論が求められて

います．その1つとしてデータ駆動型の意思決定支援システムについて述べます．
そしてこのシステムの観光防災政策の応用事例と，データ活用による地方創生，
防災減災対策への社会実証実験事例について紹介しましょう．

7.1 人，社会，モノと情報の変遷

a. 融合社会のガバナンス

　人や社会と，その中における情報の役割は，図7.1に示すように，時代とともに変わってきました．狩猟，農耕社会では，保身，捕食，求愛など「生存のための情報」が必要でしたが，つぎの工業社会では，物質的なモノの豊かさを充足する「生活のためのモノの情報」が流通する社会となりました．それに続く情報社会は，精神的な心の豊かさを享受する「楽しみのための情報」が流通してきました．

　そしていま，インターネットが作り出す情報空間と，人や物の物理的世界としての現実社会が，互いに溶け合う融合社会が実現され，「社会問題を克服するための情報」が流通するものと考えられます．

　例えば，社会問題の1つとして地方衰退リスクがあります．この問題は，人口の急速な減少と大都市への集中により，市町村の半数の自治体では，従来と同じレベルの公共サービスの維持が困難になることです．これに対し，地域の経済活性化，雇用機会の確保，地域医療や健康・介護，自然災害への対応など，様々な形の社会的イノベーションが求められています．

　これまでは，このような社会問題の克服には，部分的でしかも不完全なデータ

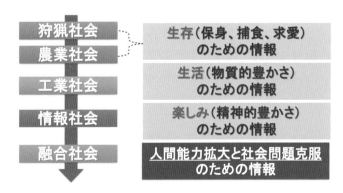

図7.1　社会における情報の役割とその変遷

をもとに，主観的な政策決定や経営判断に頼らざるを得ませんでしたが，現在では，ICT を活用し，人間社会の膨大なデータを集めて分析し，科学的根拠に基づいて合理的な判断ができるようになってきました．また，ICT 産業も，データ科学に基づく知識サービス，知的情報産業へとシフトしていき，融合社会の経済発展と雇用機会を創出できると期待されています．

　知識サービス，知的情報産業化の一方で，ネットワークで交換される情報の量は爆発的に増加し続けています．この多種多量で複雑な構造化されてないデジタルデータは，**ビッグデータ**（Big Data）と呼ばれています．一般に，人や社会の情報分析力には限界があるため，データの量的な増加とともに，人と社会の意思決定の質が低下します．

　このため融合社会では，爆発的に増大する情報の量から，いかに情報の質を確保し，最適な意思決定を行うかが大きな課題になります．情報の信頼性・信ぴょう性・真がん性，情報安全，個人データ保護活用，プライバシーなどに関する質の問題は，技術と市場メカニズムだけで解決することは困難です．例えば，プライバシーの問題は，本質的に人の心の問題を内在するからです．このため，技術と市場，そして社会のルール，罰則規定のある法制度が互いにうまく連動する融合社会のガバナンスが必要になります．

　1つの例として，車社会と融合社会をメリット，リスク，ガバナンスの比較，分類を**表7.1**に示します．車社会は，物流に変革をもたらし，社会経済発展の原動力となるとともに，日常生活の移動の利便性を向上させました．しかし，それとともに，交通事故，渋滞，環境汚染，エネルギー問題などの課題をもたらしま

表7.1　車社会と融合社会の比較

	車社会	融合社会
メリット	物流⇒社会経済発展，日常生活の利便性	情流⇒社会経済発展，日常生活の利便性 人流⇒交通，宿泊，飲食，観光，物販サービス 物流⇒電子商取引，電子決済サービス
リスク	交通事故，渋滞，環境汚染，エネルギー問題	情報改ざん・破壊・消去，なりすまし，ネット詐欺，個人情報漏えい，プライバシー侵害，著作権侵害など
ガバナンス	【顕在リスクへの対応】 運転免許，道路交通法，AIによる自動運転法，など	【潜在リスクへの対応】 データ管理士免許，情報（データ）の信頼性・信ぴょう性・真がん性評価，個人情報保護活用法，など

した．このような顕在するリスクに対応するため，運転免許，道路交通法などの法制度基盤があり，今後さらに人工知能（AI）による自動運転法など制度設計が必要になります．

　同じく，融合社会の情報流通（情流）は，社会経済発展，日常生活の利便性を向上させます．人の移動である人流は，交通，宿泊，飲食，観光，物販サービスの利便性を，そして物流は，電子商取引，電子現金，電子決済サービスの生産性を向上させ，社会経済発展に寄与します．その反面，情報改ざん・破壊・消去，なりすまし，ネット詐欺，個人情報漏えい，プライバシー侵害，著作権侵害などのリスクが増大しています．このため，融合社会の潜在リスクへの対応として，例えば，データ管理士免許，情報（データ）の信頼性・信ぴょう性・真がん性評価，個人情報保護活用法，などの技術，市場，社会ルール，法制度の四輪をうまく連動させる仕組みが必要になります

b.　データ中心科学の台頭

　高度なICTは，科学の方法論にも変化をもたらしました（図7.2）．過去数世紀の間，科学のパラダイムは，実験科学や理論科学が主流でした．観察や観測データを集め経験的に処理する実験科学に始まり，観測データ群を分析し，論理・法則を発見する理論科学へと発展しました．その後，コンピュータによる大規模で複雑な数値計算とシミュレーションを行う計算論的科学が誕生しました．

　そして，インターネットとWebコンテンツの台頭は，科学技術の研究手法にさらなる変革をもたらしました．すなわち，ネットワークを介して収集される大規模で複雑なデータに基づく実証的な科学的手法です．この実証的な科学的手法は，

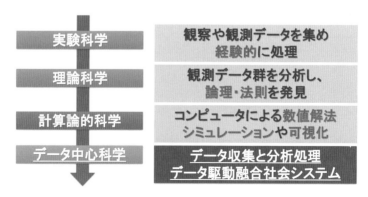

図7.2　科学とその方法論の変遷

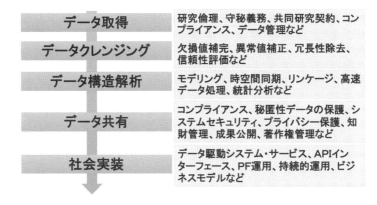

図 7.3 データ駆動社会へのデータ処理技術基盤

第四の科学——データ中心科学（Data centric sciences）——と呼ばれます.

　このデータ中心科学は，人や社会，組織の意思決定の質を向上させることができます．例えば，政策は，統計データや社会調査データをもとに決定されますが，従来の人手による社会調査は，膨大な時間と手間を必要とします．ICT を活用することで，リアルタイムでデータを収集し，人と社会の挙動や行動を把握し，リアルタイムでフィードバックするというデータ駆動の政策決定が可能となります.

　このためには，図7.3に示すようなデータ処理技術基盤が必要です．具体的には，物的世界からのセンシング・データの収集と蓄積，異常値や雑音などを除去するデータ・クレンジング，データの構造化，データ連携やリンケージ，データ・モデリング，データの科学的分析，メタデータ付与やデータ管理，個人・法人情報保護などデータ匿名化・秘匿化，データの科学的可視化といった一連のデータ処理技術などです．ここには，データの信頼性や信ぴょう性評価，データ連携による個人識別性評価の技術的課題があります.

7.2　融合社会の問題とデータ駆動社会

a.　社会問題を解決するデータ駆動社会

　これまでに述べてきたように，融合社会では，実世界における人やモノの状態変化のデータをもとに，情報空間において科学的根拠に基づいて知的情報システム・知識サービスを合成し，実世界に対して再びフィードバックことにより，実

世界の様々な課題に臨んでいきます.

　ここで人やモノの状態変化のデータのうち,公共性を有し社会に貢献するビッグデータは,しばしば,**ソーシャル・ビッグデータ**(Social Big Data)と呼ばれます.社会生活を行う空間を仮に社会生活空間(Society and Life Space)と呼ぶことにしましょう.この空間には,少子高齢化・地方創生,環境・エネルギー・食糧,医療・健康・介護,防災・減災,研究開発・人材育成などの様々な問題がありますが,上に述べたようにソーシャル・ビッグデータをもとにこれらの問題を解決しようとする社会を**データ駆動社会**(Data-driven society)と呼びます(図7.4).

b. データ駆動政策決定支援システム

　図7.5は,データ駆動政策決定支援システムの概念図です.これまで政策は,統計データや社会調査データをもとに決定されてきました.例えば,国勢調査は,日本に住んでいるすべての人および世帯を対象とする国のもっとも重要な統計調査で,国内の人口や世帯の実態を明らかにするため,5年ごとに行われます.

　一方,訪日外国人が,年間およそ2870万人(2017年)が訪れるような時代になって,年次から月次,週次,日次のきめ細かな対策が求められます.これまでのように,統計調査や社会調査に,数か月単位や数年単位の時間がかかると,迅速な政策企画・実行サイクルに対応できません.特に,イベントや観光政策では,週や日ごとに変化する人口動態予測が求められます.また,台風,集中豪雨,地

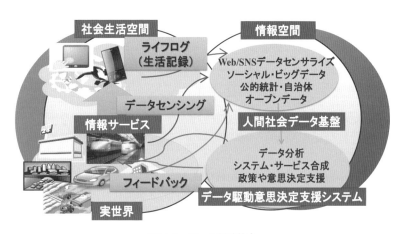

図7.4　データ駆動社会

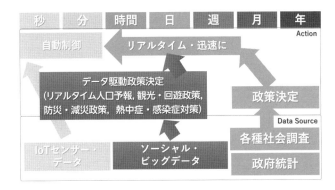

図7.5　データ駆動政策決定支援システム

震などの自然災害での避難誘導や帰宅難民，短期復旧対策には，リアルタイムに
近い人の移動予測が必要になります．熱中症や感染症対策には，迅速な政策決定
が求められます．

　このため，実時間性に優れるWebやSNS空間からのリアルタイムに得られる
データと，正確性に優れる統計調査や社会調査とのデータの連携が必要になりま
す．図7.6に，多様なデータの連携による社会イノベーション誘発の概念図を示
します．WebやSNS空間のビッグデータと公的統計や社会調査などのオープン
データを官民データ連携し，人や社会の挙動や行動を把握してリアルタイムで人

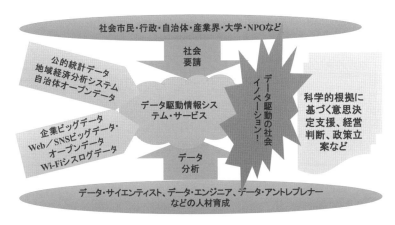

図7.6　データの連携による社会イノベーション

や社会システムを制御するデータ駆動政策企画・実行システムが社会イノベーションに必要となります.

7.3　融合社会の地域経済活性化

　本節では，融合社会の地方創生課題を例に考えてみましょう.　人口の急速な減少と大都市への集中による地方衰退のリスクが増大しています.　日本創成会議が2014 年に発表した報告書によると，2040 年までに若年女性人口が5 割以上減少する自治体が相当数見込まれるなど，多くの地域で将来の消滅が懸念されています[†].　この地方衰退スパイラルから離脱するための政策課題が「地方創生」です.　この課題の難しさは，人口減少に合わせた公共サービスの経済的効率化と，少子高齢化に対応したユニバーサルサービスの維持運用の両立が求められていることにあります.

　一方で，日本は，最先端の情報通信技術基盤の整備により，様々な情報機器やセンサがネットワークへ接続され，多様で膨大な情報がデジタル化され，データの生産，流通，消費が可能となり，誰もが，いつでも，どこからでもデータにアクセスできるデータ駆動社会が実現されてきています.　この結果，インターネットが作り出す情報空間と，人やモノの物的世界である現実社会が互いに融合したサイバー・フィジカル融合社会が実現されています.

　そこで，世界最先端のICT 基盤を活用し，観光・回遊，医療・介護，教育，防災・減災，交通，宿泊，流通，飲食などにかかわる公共性の高いソーシャル・ビッグデータを収集・分析し，エビデンスに基づく合理的な政策決定を行うデータ駆動型の観光・防災政策決定支援システムについて見てみましょう.

a.　地方創生に求められるデータ駆動観光サービス産業

　地方創生の柱の1 つに観光産業があります.　訪日客数は，平成28（2016）年には中国，韓国を筆頭に，過去最高の2400 万人に達しました.　その消費額はすでに約3.5 兆円に達しており，日本政府は2020 年までに年間訪日客数4000 万人，市場規模8 兆円の達成を政策目標の1 つとしています.

[†] 日本創成会議・人口減少問題検討分科会「成長を続ける21 世紀のために ストップ少子化・地方元気戦略」2014.5.8, p.14.
<http://www.policycouncil.jp/pdf/prop03/prop03.pdf>

　従来の観光サービス産業では，どのような利用者が，どのようなサービスを好み，実際に何を利用するかの調査分析やビジネスモデル開発が様々な形で行われてきました．しかし，これらの多くは，交通，宿泊，娯楽，観光，生産，流通など各分野で，それぞれ独自に特定の商品とサービスの視点からデータの収集・蓄積や分析が進められてきました．例えば，マーケティングでは，適切な商品を提示し，購買へ結びつけるため購買履歴や収入・支出データを収集しますが，交通手段，宿泊や購買場所などに関する行動履歴データは欠落していました．

　一方，観光サービス事業は，消費者を長くその地域に滞留・回遊させ，より多くの支出を誘発することを狙いとします．その際，移動や宿泊のみのデータや，流通や消費行動のみのデータから得られる知見では十分ではなく，移動，観光，探索，飲食，流通，宿泊などを合わせたデータを収集・分析する必要があります．

　行動履歴データをより網羅性の高いものとすれば，どのようにして訪問者を回遊させ，より多く支出してもらい，満足度を高めるかの施策を決定できます．これにより，円滑で快適な交通，宿泊サービスと，移動しながら楽しめる商業施設や観光施設を適切に組み合わせ，楽しい体験や地域コミュニティへの参加ができる魅力的な地域社会空間の創生が可能となります．

　以上のように，地域での観光・回遊のために資源利用を効率化するには，各分野の関係者が協働しながら各種データを網羅的かつ継続的に収集・分析し，エビデンスに基づく観光・回遊政策を策定できる人間社会データが必要となります．このデータ基盤を構築し活用することで，従来の単純な「移動」でも「購買」でもない，「楽しい体験」や「地域社会やコミュニティへの参加」という新たな観光・回遊サービスを定量化して捉えることができ，より魅力的なサービスを合理的にデザインすることができます．

　図 7.7 に，利用者の増減に合わせて柔軟に人的・物的資源を配置することで稼働効率を高め，少ない人員でも利便性・安全性が担保できる継続的な仕組みとしてのデータ駆動政策決定システムを示します．

b.　データ管理基盤と課題

　地域活性化にはデータの活用が不可欠です．例えば，地域への来訪者は，飛行機，電車，バス，自動車などの交通機関により目的地にやってきます．そして，その地で観光や散策をし，伝統や精神文化を体験し，食事を楽しみ宿泊します．地域の観光・回遊ビジネスは主にこのような形態をとっているため，観光資源を効率的に管理するには，多様な関係者が協働しながら，交通，宿泊，食事，観光，物販，

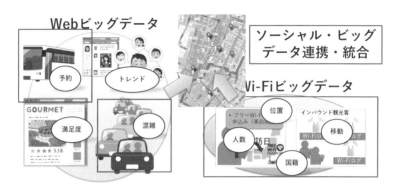

図7.7　観光サービス産業におけるデータ駆動政策決定システムの概略図

人流などの各種データを継続的に収集・分析し，そしてデータに基づく観光・回遊政策を策定する必要があります．そして，その政策のPDCAサイクルを回すためのデータ管理基盤（DMS：Data Management System）が必要となります（図7.8）．

　地域の資源管理は，そのもととなる社会データ調査，利用者に宿泊や観光，イベントなどを知ってもらうための広告宣伝，施設や設備などの資源管理，消費者に何度も足を運んでもらうリピータ顧客管理，多様な支払い手段による料金回収，

図7.8　ソーシャル・ビッグデータの管理基盤

これら一連のデータ処理の関与者への報告といったビジネスプロセスからなります．

　まず，社会調査データとしては，ホテルなど宿泊施設の稼働率（空き室数），飛行機・高速バス・タクシーなどの交通システムの利用率，レストランなど飲食店や店舗など売上や必要な従業員数，イベントのチケット販売数や集客率などが必要です．

　一方，国や自治体で調査される人口統計や訪日観光客数，宿泊利用統計などの公的統計データは，年や月ごとの調査・集計・公表になっており，実時間で動的に変化するビジネスには迅速に対応できません．

　そこで，宿泊施設の稼働率，交通システム利用率，流通や従業員数，イベント集客率などのビッグデータの収集・分析・活用基盤が研究開発されています．このソーシャル・ビッグデータを Web 予約サイトのオープンデータから収集します．これを Web 予約データ・センサライズシステムといいます．

　また，いつ，どのような人が，何人，どこから，どのように来て，どこに向かうか，といった観光・回遊政策立案のためのパーソントリップデータ（人流）も必要です．

　しかし，社会調査においては，近年の個人情報保護意識の高まりから，社会調査への協力が得にくく，データの精度も低下しています．また，モバイル機器を活用した利用者の位置情報の取得は，利用者が自主的に同意する標準的な仕組みなどが必要になります．さらに，事前に個別同意を取得するとともに，事後にオプトアウトする機会を提供する必要もあります．このように，個人データ活用においては，本人の同意取得にかかるコストは膨大です．

　そこで，訪日外国人向けの FREE Wi-Fi サービスとの共同研究開発により，プライバシー保護に配慮した国籍，性別，年代，位置情報を収集・分析する仕組みが実現されています．FREE Wi-Fi サービスは，利用者が利用規約によって，明確な意思により，利用条件，留意事項などに同意するという仕組みを提供しています．

　また，オプトアウトによる利用者関与の機会が設けることが比較的容易に実現できています．インバウンド訪日客は，Wi-Fi を無料で使いたいというインセンティブが高いという特徴を利用したシステムです．この結果，観光・回遊政策立案のためのパーソントリップデータを取得・分析できるようになりました．この仕組みを Wi-Fi シスログ・センサライズといいます．

7.4　ソーシャル・ビッグデータ駆動の観光防災政策決定システム

　地域の観光・回遊政策の立案と実行には，その判断根拠となる観光客数，宿泊施設の稼働率，宿泊者数，各種交通手段の利用率などのデータが必要となります．この種のデータには，国や地方自治体の公的統計や民間事業者の調査データがありますが，例えば宿泊に関する公的統計である観光庁観光統計の宿泊旅行統計調査の公開は数か月ごとです．また，全国の自治体が個別に調査する場合のコストは膨大なうえ，調査項目や集積データの標準がないと，データの再利用や比較検討ができず，非効率となります．さらに，地方では，データに基づいた意思決定や経営判断を行う「データ活用人材」も不足しています．このような問題を解決するため，ソーシャル・ビッグデータを収集，蓄積，分析するデータ駆動政策決定支援基盤が研究開発されています．図 7.9 に，データ駆動政策決定支援基盤（概

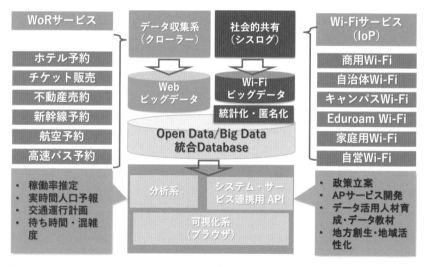

図 7.9　データ駆動政策決定支援基盤の概念図[†]　［出典：国立情報学研究所「エビデンスに基づく政策・意思決定を支援/多様なデータを構造化して高速処理—ソーシャル・ビッグデータ駆動の政策決定支援基盤—」2017.3.14, p. 2. 図 1 をもとに著者作成］

[†] 図中の「稼働率」の例としては，バスや電車の乗降者数，ホテルの客室稼働率，各種イベントのチケットや入場券の販売数，駐車場の空きスペース率，などがあげられます．

念図）を示します．以下では，この基盤においてソーシャル・ビッグデータの収集・
分析を担う Web/Wi-Fi によるデータ・センサライズ（Data Sensorize）につい
て述べましょう．

a.　Web によるデータ・センサライズ

バスの位置情報のように，「モノ」（Things）の状態はインターネットを通じて
Web 空間にアップロードされるようになりました．このようなシステムは，WoT
（Web of Things）と呼ばれます．一方，WoR（Web of Resources）システムは，
Web 空間に登録された交通や施設，イベントなどの予約データなどのうち，オー
プンデータを収集・分析して，人間社会の動きを予測し，可視化することができ
ます．

WoR は，Web 空間のデータを計測するので Web データ・センサライジング
（Web Data Sensorizing）と呼ぶべき概念です．WoR の活用により，地方自治体
を拠点に，宿泊，イベント，観光，移動サービスの人的・物的資源やその稼働状
況の Web 管理を行い，それを用いて宿泊や交通のサービスが効率的になるよう
制御することができます．

b.　Wi-Fi によるデータ・センサライズ

新たなソーシャル・ビッグデータとして，Wi-Fi アクセスポイントの利用履歴（ロ
グ）データを活用し，Wi-Fi アクセスポイントを利用している人の流れまたは群
流（人の集団の動き）を把握して可視化する仕組みが研究開発されています．モ
ノがインターネットに接続されて形成される情報空間は，IoT（Internet of
Things）と呼ばれます．

これに対して，Wi-Fi を利用する人や集団の流れを示す情報空間を IoP（Inter-
net of Persons）と呼び区別します．この Wi-Fi アクセスポイントのログデータは，
通信事業会社が訪日外国人向けに提供している無料 Wi-Fi サービスで取得した
データです．同サービスでは，サービス申込み時にログデータ利用に係る同意を
取得しています．同意を取得した匿名加工データのみが研究目的に限定して利用
されます．

Wi-Fi システムログデータから把握した人々の動きと，ホテルの予約状況など
の Web データの解析結果をリアルタイムに組み合わせることによって，人やその
集団の移動と，その人の国籍や性別，年代などの属性情報に応じて，その人に合っ
た言語での観光案内や，性別や年代に合った商品紹介，食事提供や物品販売の最
適要員の配置などが可能となります．また，従来はできなかった消費活動におけ

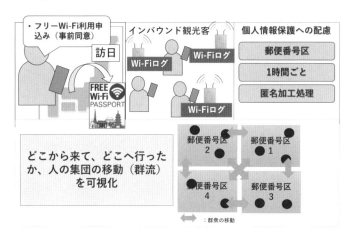

図7.10　Wi-Fiアクセスポイントを用いたインバウンド観光客群流
分析システムの概念図［出典：FREE Wi-Fi PASSPORTについて（2018）.
https://www.softbank.jp/biz/nw/wifispot/freewifi/］

るリアルタイムでの需要と供給のマッチングを実現させることができます．図
7.10に，Wi-Fiアクセスポイント（基地局）をセンサにしたインバウンド観光
客群流分析システムの構成図を示します．

7.5　地域データ駆動政策決定支援システムの社会実証実験

a.　観光予報（京都市）

　自治体は，イベントの開催時期，場所の決定を合理的に判断するデータやイベ
ント開催による経済効果の把握手段を自ら持たないことが多く，外部の企業に外
部委託して把握しているのが実情です．地方自治体や観光事業者は，どの時期に
どの程度の観光客が訪れるのか，どうすればより多くの観光客を確保できるのか
といった経営判断手法を必要としています．これらのデータをリアルタイムで効
率よく提供する仕組みを構築し，持続的なビジネスモデルを構築することができ
れば，地域の観光活性化に貢献でき，継続的なデータ基盤の運用が可能となりま
す．図7.11に，京都市における従業員10名以上の178のホテルの宿泊施設稼
働率（人手による月ごとの調査）とWeb予約データからのデータ分析による日々
の稼働率を推定して比較したものを示します（平成24年）．これにより，エビデ

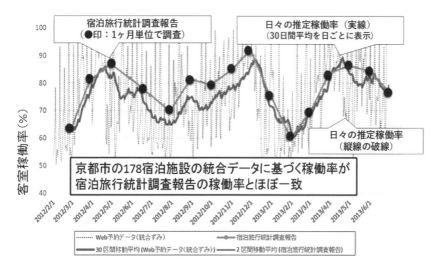

図 7.11　宿泊施設の稼働率実績と Web 予約データからの推定値の比較

ンスに基づいて，閑散期に行うイベントなどの決定を支援できます．また，Web
のオープンデータを用いているため，自治体が調査コストを別途負担する必要は
ありません．

このように，自治体の観光政策をはじめ，観光協会や商工会議所の観光事業活
性化の支援を目的として，情報・システム研究機構　データサイエンス，国立情
報学研究所　ソーシャル・ビッグデータ，津田塾大学　総合政策研究所　データ
活用人材育成などによって，Web データ駆動の観光予報システムが研究開発され
ています．これは，インターネットで公開されている膨大で多様な宿泊施設の関
連データを横断的に収集・蓄積・分析して，観光地域の宿泊状況や適切な宿泊料
金を推定し，地域全体の収益を予測することで，データに基づいた合理的な観光
政策決定を支援するものです．

b.　災害時の復旧状況の可視化（宮城県仙台市）

WoR は，災害時における宿泊・交通システムの復旧状況の可視化に利用でき
ます．図 7.12 に東日本大震災後の復旧状況の可視化（仙台市）を示します．

東日本大震災発生時には，新幹線や宿泊施設が利用できなくなり，同時に，通
信回線の切断や電源の消失によって，インターネットも利用できなくなってしま
いました．震災発生後，徐々に電気，水道，通信などの社会インフラが復旧する

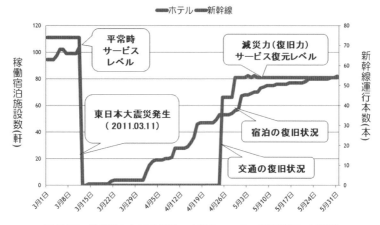

図7.12　災害時における宿泊・交通システムの復旧状況の可視化

につれて，ホテルや新幹線の実営業と Web 予約システムも復旧していきました．新幹線や宿泊の Web 予約システムの状況を WoR で観測することにより，現実の宿泊と新幹線の復旧状況が可視化できます．震災後の新幹線と宿泊施設の復旧状況は，社会データを集積していれば，図に示すように，すばやく可視化できます．国や被災地の自治体は，ボランティアや復旧作業員の輸送と宿泊施設の提供などの防災政策や災害復旧活動計画の策定にあたり，このデータを利用できます．

　平成23（2011）年3月11日に発生した東日本大震災前後の東北新幹線，仙台市内の宿泊施設の稼働状況を図7.12に示します．東北新幹線は，4月後半に運行再開しましたが，徐行運転区間や運行車両制限があったため，サービスレベルの復旧は震災前の70%にとどまりました．このようにサービスの普及レベルを定量的に評価できます．また，仙台市の宿泊施設の復旧状況も同様に可視化できています．

c.　広域観光・回遊政策（鯖江市）

　鯖江市は，オープンデータを活用した「データシティ鯖江」の推進など，地域活性化に向けた新たな自治体モデルを検討しています．例えば，鯖江市は，コミュニティバスのロケーションデータを開示して，ポータルサイトを創設しています．今後は，この自治体オープンデータと民間の Wi-Fi ビッグデータ（人流データ）を組み合わせた官民データ連携基盤を構築し，観光など新規ビジネス機会の創出を目指しています．具体的には，IoP を用いた福井県内の訪日観光客の動態分析

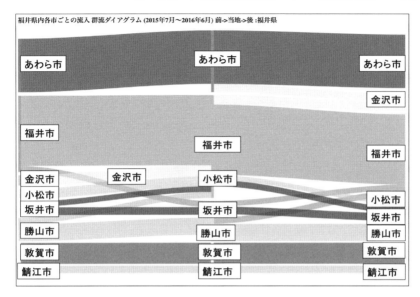

図7.13 福井県および隣接する石川県など北陸の訪日観光客群流のダイヤグラム

に基づき，鯖江市を含む新たな広域観光・回遊ルートの検討が行われています．図7.13に，福井県および隣接する石川県など北陸地方の訪日観光客群流ダイヤグラムを示します．

　この図は，2015年6月から2016年7までの1年間，福井県，石川県を中心とした北陸地方の訪日観光客は，どこからきて，どこに向かったかの日々のデータを年間で累積して表しています．例えば，前日は，あわら市に滞在しており，その後（12時間），あわら市に移動し，あるいは連泊で滞在した人が，その翌日，あわら市や金沢市に移動する様子を示しています．このように，前日，あわら市や福井市，金沢市や小松市（おそらく小松空港に到着したと推定されます）にいた人が，次の日，あわら市，福井市，小松市，坂井市に移動し，あるいは滞在し，その翌日，あわら市，金沢市，福井市，小松市，坂井市などに移動する様子が可視化されています．鯖江市がこのような訪日観光客の群流連鎖に入るため，福井市の恐竜博物館，鯖江市のめがね博物館などの博物館観光や漆工房体験といった新たな広域観光・回遊ルートの開拓が検討されています．

d.　「東京マラソン2017」と長崎県長崎市の訪日観光客の動態分析（東京都，長崎市）

　Wi-Fiデータ・センサライジングを用いて訪日観光客の群流を可視化する仕組みが研究開発されています．群流の解析は，プライバシーに配慮するため，Wi-Fiアクセスポイントで検出される各デバイス番号を置き換える（複数回）とともに，10個以上のデバイス番号を1つにまとめて処理しています．動きの把握は郵便番号区単位，1時間単位で行っています．解析結果は地図上にプロットされ，様々な縮尺で表示可能です．平成29（2017）年2月26日に開催された「東京マラソン2017」おける訪日観光客の動線可視化を図7.14（a），（b），（c）に示します．図には，「東京マラソン2017」の開催当日，午前10時のスタート時（a）と，午後4時のゴール近傍（b）における訪日観光客の群流を示しています．また，(c)は，

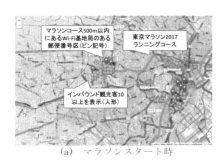

（a）　マラソンスタート時

（b）　マラソン終了時付近

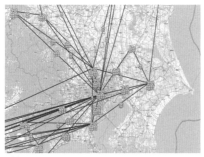

（c）　マラソン開催日までのひと月の訪日観光客の動線

図7.14　東京マラソン2017付近の群流の様子

図 7.15　長崎市の群流

「東京マラソン 2017」の開催当日までの 1 か月間における訪日観光客の動線を可視化したものです.

　動画可視化と解析によれば, 2017 年 2 月 26 日「東京マラソン 2017」の開催当日, 午前 10 時のスタート時と, 午後 4 時のゴール近傍における訪日観光客の群流動画から, マラソンコースから 500m 以内にいた訪日観光客が, どこに集中していて, 時間とともにどこに向かったかなどを知ることができます.

　また, Wi-Fi のデータから把握した人々の動きとホテルの予約状況などの Web データの解析結果をリアルタイムに組み合わせることにより, 新たな観光スポットの発見, 送迎やおもてなしをする国別の接客要員の配置, 効率的な看板の設置, デジタルサイネージによるタイミングのよい広告などを支援できます. 長崎市の訪日観光客の回遊分析結果を図 7.15 に示します. 図は, 平成 27 年 (2015 年) 7 月〜平成 28 年 (2016 年) 6 月の 1 年間の長崎市中心部の訪日観光客の動態とホテルの予約状況, 観光スポットです.

　映像やデータから, 訪日観光客が実際にどの観光スポットに行っているか, その観光客はどこの国から来ているかがわかり, 多言語の案内や看板を実態に即して設置すればよいかがわかります. また, トイレや AED の設置も人口動態に基づいて設置できます.

7.6　データ活用社会と人材養成

　これまでに，Web 予約データや Wi-Fi システムログデータを人やモノのセンサとして活用する Web/Wi-Fi によるセンサライズについて概観し，それを用いた施設稼働率と訪日観光客の動線分析結果について述べてきました．

　また，ホテル，新幹線，イベント施設の稼働率など地域の資源管理データと訪日観光客の群流データを連携させる「WoR と IoP のデータ連携」についても取り上げました．このような人間社会データ基盤によって，合理的な意思決定や経営判断を行うデータ駆動政策決定を支援できます．

　一方，データ駆動政策決定を実現するには，ソーシャル・ビッグデータの収集，処理，分析，管理などができる人材が必要になります．しかし現状では，こうした人材が圧倒的に不足しており，自治体・民間・大学等が協働し，実践的かつ実務的な「データ活用人材」を養成することも課題です．

　国際的なイベントなどによって，短期間で急激に増加する訪日客に対応するには，人口や訪日外国人数などの公的データをリアルタイムで公開することや，プライバシー情報に十分な配慮をしつつ群流をリアルタイムで可視化できることが重要です．そのためには，公的データへのリアルタイムでのアクセス，自治体・民間・大学等による Wi-Fi データの収集・連携（官民学データ連携），こうしたデータを統合的に運用管理するソーシャル・ビッグデータ基盤の構築が急務です．

コンピュータをつくりあげた人々

ブレーズ・パスカル
(Blaise Pascal, 1623–1662)
歯車式加算機『パスカリーヌ』を発明

　パスカルは 39 年間の短い生涯に哲学者，科学者，数学者として多くの業績を残しました．その業績の 1 つが歯車式計算機です．収税担当の役人であった父が税金の計算で苦労しているのを見て，父を助けるために考案したといわれています．この機械は，0 から 9 までの数字のついた歯車を並べ，1 つの歯車が 1 回転したときにつぎの歯車が 1 目盛動くという形式のものでした．これは後世の機械式手回し計算機の原型となりました．パスカルは「人間は考える葦である」の言葉で，また圧力の単位としてもその名を後世に残しています．

ゴットフリート・ウィルヘルム・ライプニッツ
(Gottfried Wilhelm Leibnitz, 1646–1716)
加減乗除の計算ができる歯車式計算機を発明

　パスカルの計算機の発明から約 30 年後の 1674 年，ドイツの大数学者ライプニッツはパスカルの機械を改良した計算機械をつくりました．パスカルの機械が加減算のみ可能であったのに対して，ライプニッツの計算機は乗除算が可能でした．この機械を発展させた手回し計算機はコンピュータが実用化されるまで，利息の計算から自然科学までのさまざまな目的の数値計算のために広く使われてきました．ライプニッツの計算機は，現在はハノーファーの国立図書館にあります．

チャールス・バベッジ
(Charles Babbage, 1791-1871)
**コンピュータの出現の 100 年以上も以前に
その原理を発明**

　コンピュータの歴史を語るときに欠かせない人物がバベッジです．バベッジは当時，測量や天体観測などに不可欠であった三角関数などの数表を自動的に作成するための機械である階差機関（Difference Engine）を設計しました．政府から多額の資金を得たにもかかわらず，多くの職人を組織し管理する能力に欠けたことや完璧を望んだ彼の性格によりこの機械を完成させることができませんでした．この失敗にもめげず，彼はさらに進んだ自動計算機である解析機関（Analytical Engine）を設計しました．この機械はプログラムに従って自動的に計算を進めるという現在のコンピュータの原理を先取りしたものでした．プログラムはジャカール織機で布の模様の織り方を指示するために使われた方式を応用し，穿孔カードの列によって与えられる設計でした．

オーガスタ・エイダ・バイロン
(Augusta Ada Byron, 1815-1852)
バベッジの共同研究者，世界最初のプログラマ

[出展：The Works of Lord Byron- Volume 7. (ⓒed.Coleridge, Prothero)]

　有名な詩人バイロン卿の一人娘として生れたエイダは，その当時の女性としてはめずらしく数学や天文学に強い関心をいだいていました．バベッジの家のパーティで出会って彼の計算機のモデルを見せられたとき，彼女はすぐにその重要さと卓越さを見抜いたそうです．その後，理解者の少なかったバベッジと共同して計算機械の研究を進めました．バベッジの解析機関についてそのプログラムの作成法を研究し，ソフトウェアの重要さを指摘した史上最初の人になりました．結婚してラヴレス伯爵夫人となりましたが，時代を超えていたエイダの 36 年の生涯は幸福なものとはいえませんでした．アメリカ国防総省でつくられたプログラム言語にこの世界最初のプログラマの名前 Ada がつけられました．この言語の多くの解説書の裏表紙に彼女の美しい肖像画が載せられています．

アラン・チューリング
(Alan M. Turing, 1912–1954)

コンピュータの原型モデル・チューリング機械の発明

[出展：http://www.
turingarchive.org/
viewer/?id=521&title=4]

　1936 年にチューリングが発表した論文の中で，アルゴ
リズムを定義するための自動計算機のモデルが示されまし
た．このモデルこそは後にチューリング機械と呼ばれ，情
報科学で大きな役割をもつようになるコンピュータの理論
的モデルでした．その後，チューリングは英国のステーショ
ン X と呼ばれる組織に所属し，ドイツ軍の暗号「エニグマ」
の解読に大きな役割をはたしました．また，暗号解読用の世界初の電子式デジタ
ル計算機の製作にもかかわりましたが，すべてが軍事機密だったのでその意義は
不明のままになっていました．第二次大戦後，チューリングはコンピュータの知
的能力についての研究を進め，チューリング・テストを考案しました．彼の功績
を記念して「情報科学のノーベル賞」と呼ばれるチューリング賞が設けられてい
ます．

ジョン・ヴィンセント・アタナソフ
(John Vincent Atanasoff, 1903–1995)

デジタル電子回路の発明者

[出典：Eye Steel Film
from Canada [CC BY
(https://creativecom-
mons.org/licenses/
by/2.0)]]

　アイオワ州立大学で数学と物理学を教えていたアタナソ
フは，電子回路を用いて微分方程式を解く計算を行う研究
に取り組みました．彼は最初アナログ方式の計算機を研究
しましたが，後にデジタル方式の計算機の研究に移りまし
た．真空管を用いたフリップフロップなどの電子回路およ
びコンデンサの電荷による記憶装置などを考案し，大学院
生のベリーと共同で，1939 年に微分方程式の解法のため
の試作コンピュータを開発しました．ENIAC を開発した
モークリーとエッカートもアタナソフの機械に大きな影響を受けました．その後，
この二人と「最初の電子式デジタルコンピュータの発明者」についての特許で争
いが起こり，アナタソフが勝利します．しかし，アナタソフをデジタルコンピュー
タの真の発明者とするには異論もあり，その判定は難しいところです．

ジョン・フォン・ノイマン
(John von Neumann, 1903–1957)
現在の（ノイマン型）コンピュータの生みの親

[© Los Alamos National Laboratory]

　現在のコンピュータの発明者が誰であるかについては諸説がありますが，フォン・ノイマンがもっとも大きな貢献をしたことに異論はありません．ハンガリー出身で若くして理論物理と数学の分野で大きな業績をあげたフォン・ノイマンは，第二次大戦前にアメリカに移住し，原爆開発のためのマンハッタン計画に参加しました．戦後，ペンシルベニア大学の電子計算機の開発グループに加わり，プログラム内蔵方式を提案しました．この方式——ノイマン型——は現在までコンピュータの基本原理となっています．フォン・ノイマンはコンピュータのほかにも，ゲーム理論や自己増殖機械の理論などの創始者として，情報科学ばかりでなく生物学や経済学にも大きな影響を与えました．

クロード・エルウッド・シャノン
(Claude Elwood Shannon, 1916–2001)
情報理論とデジタル論理回路設計の創始者

[©Jacobs, Konrad [CC BY-SA 2.0 DE (https://creativecommons.org/licenses/by-sa/2.0/de/deed.en)]]

　アメリカの応用数学者シャノンはベル電話研究所に勤務し，情報科学の大きな2つの基礎である情報理論と，コンピュータの基礎である論理回路の設計法の2つの領域の創始者となりました．確率・統計学に基づく情報理論と，代数・記号論理学に基礎を置く論理数学の，対照的な2つの領域を切り開いたことに彼の天才ぶりがよく現れています．情報理論は，情報量の定義に基づいて，雑音に影響を受けない通信を実現するための理論であり，N. ウィナーのサイバネティクス（生物と機械における通信と制御の理論）の基礎となっているばかりでなく，現代のデジタル通信技術の基盤となっています．

索　引

ま　行

教養のコンピュータサイエンス
情報科学入門　第3版

令和 2 年 3 月 31 日	発　　　行
令和 4 年 10 月 20 日	第 2 刷発行

	小舘香椎子	岡部洋一	
	稲葉利江子	小川賀代	
著作者	上川井良太郎	横田裕介	
	小舘亮之	鈴木貴久	
	長谷川治久	辰己丈夫	
	曽根原登		

発行者　　池田和博

発行所　　丸善出版株式会社

〒101-0051 東京都千代田区神田神保町二丁目17番
編　集：電話 (03) 3512-3266／FAX (03) 3512-3272
営　業：電話 (03) 3512-3256／FAX (03) 3512-3270
https://www.maruzen-publishing.co.jp

組版印刷・富士美術印刷株式会社／製本・株式会社 松岳社

ISBN 978-4-621-30503-4　C 3055　　　　　　　Printed in Japan